獻給我的老木和老木們

老木，吼不吼

艾莉媽的育兒趣事

圖·文 艾莉媽

角色介紹

哼！

好啦～秀秀～
不要生氣！

媽媽～媽媽～
我要找我的媽媽～

艾莉　　　　**屁爸**　　　　**屁寶**

艾莉
脾氣暴躁又衝動的人妻，婚前還信誓旦旦表明：「我不要跟公婆住！」沒想到不只跟公婆住，還跟整個家族的婆婆媽媽住在同一個屋簷下，看火爆人妻、驚世媳婦會在育兒路上和長輩們擦出什麼火花吧！（扶牆）

屁爸
是一位很疼老婆、會吃兒子醋的好好先生，每每愛妻和長輩起衝突，絕對先站在老婆這邊，再慢慢搓湯圓緩和場面，身高和髮際線已經無藥可救，目前正在積極挽救中年鮪魚肚及雙下巴中……
（屁爸本人表示：還好長得帥。）

屁寶
即將來到讓老木很抖的 horrible 3，最愛媽媽也最怕媽媽，是個讓人又愛又恨的死小屁孩。
（屁寶本人表示：我～不～要！）

婆婆媽媽長輩們
感謝他們讓我看似平凡的主婦生活如此多彩多姿啊！（起立鼓掌＋拭淚）
好啦！說真的，也因為有他們才能讓老木和老北還能夠手牽手去看場電影呀！

目錄

First Part 育兒

Second Part 兩代

Third Part 動手煮

Forth Part 動手做

育兒

男孩女孩都是寶，孩子健康就好。

當驗出是兩條線的時候，整個身體裡面就像是放煙火似的，咻～砰砰砰！很難分辨到底是興奮擔憂還是緊張，得知為人父母的第一瞬間真的是五味雜陳啊！

接著就是緊鑼密鼓的產檢、超音波、自費檢查……等，
當然，每次最期待的就是：
到底是有小雞雞還是沒有呢 ?!
礙於衛生署規定不得過早告知胎兒性別，所以每次產檢只能把這問題往肚子裡吞。

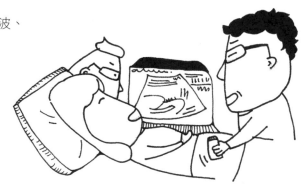

老娘才不替你
生小三呢！

是兒子的話，
我地位就不保了呀！

我和屁爸雖然心裡各有希望的性別，但也只是單純的「**希望**」，絕對不會影響到我們孩子的愛或規畫，好幾次都想跟醫生説：「醫生！我們沒有壓力，你快點告訴我到底是男是女好嗎？」

雖然懷孕過程也會突然莫名擔心：「會不會長輩有想要的性別，只是不好意思説出口?!」幸好婆婆或是娘家媽媽也都是抱持著：「健康就好，男生女生真的不重要。」

都好啦！男生女生都好！
（其實心裡想要女寶）

婆家媽媽

我像是會在意的人嗎？
倒是我覺得你生一胎就好。

娘家媽媽

喂…剛剛照出來了是男生啦！

耶嘿！♥
耶嘿！

直到第五個月做羊膜穿刺後，醫生才正式宣告：「有小雞雞啦！」（看似嚴肅的醫生突然講「小雞雞」，感覺還挺好笑的 ^^），瞬間看到屁爸表情有點小失落，老木我則是嘴巴不爭氣的上揚再上揚。

嗚…嗚…
我的女兒你怎麼不游快一點啊！

哇哈哈～

畢竟普遍爸爸總是比較期待抱著別人的老婆，而媽媽總是幻想把自己的小男朋友擁入懷嘛～

胎教音樂竟然是麥克傑克森?!

大家都説,當孕婦是唯一可以大吃特吃的日子。很幸運的,我!一!吃!就!吐!(沒錯!甚至快臨盆時都還是有反胃感),只要一吐,整個人頭暈又無力(吐是一件很勞心勞力的一件事哪!),身在工作崗位上真的很難集中精神處理事務,幾乎眼睛閉起來就可以打呼了。

我快不行了…

你給我振作點!!

當時的主管

好在當時的公司是允許戴耳機聽音樂的,選了屁爸最愛的麥可傑克森(Michael Jackson)來聽,好幾首經典陪伴肚子裡的屁寶長大,自己體內的靈魂也會跟著一起擺動,讓睡意隨著砰砰砰的節奏消失。

噢嗚!!

有時候同事會一臉疑惑的回頭看我，原來是我已經不由自主在椅子上扭起來了，現在回想起來實在很糗。

嗯嗯嗯嗚!!

屁爸當初畫的

聽久了麥可的歌，偶爾想說也要點氣質的古典音樂來熏陶屁寶，不過說也奇怪，古典音樂似乎特別催眠，只要一播放古典音樂屁寶就不太動（胎動），轉為麥可後踢的可起勁咧!屁爸形容就像在肚子裡打鼓的孩子。

陣痛時，老公負責閉嘴就好！

當時屁寶已經超過預產期快一個禮拜了，我又私心想要生射手座的男寶，於是包袱款款到醫院去催生，一開始都什麼特別感覺，直到醫生主動把羊水戳破……OH MY GOD！女人是何苦要承受這樣的痛楚啊！要不是痛到沒力，不然當下超想把屁爸的頭抓去撞牆。

忍受的同時嘴巴一直喊：「護士護士！我要打無痛！」
護士看了一下說：「才開一指不能打，而且無痛的針很粗喔！很恐怖喔！」
（到底為什麼要嚇唬可憐的孕婦！）

雖然聽到針很粗有點讓我卻步，但每一波陣痛襲來，根本不管它是不是跟香蕉一樣粗，趕快讓老娘舒服就對了！

好在護士都很有耐心，臉上也掛著甜甜的笑容，只要一痛我就按鈴，護士姊姊就會踩著輕盈的步伐來看我，最後再嬌滴滴的說：「還沒耶～兩指都不到……再等等喔！」

沒關係（甜美微笑）
只要痛就按鈴
我會立刻來看喔！

屁爸在旁邊看我這麼痛又不能止痛也很慌張，想說講點什麼來舒緩我的情緒，結果事實證明，女人陣痛時，男人最好還是閉嘴，不管再好笑的事伴隨著疼痛還是只想罵髒話。

真搞不懂你…
身上這麼多刺青的人
怎麼還會怕痛呢？

問我的拳頭吧！

我在產檯上用力，老公在門外飛踢！

護士來了好幾回都還是介於一指半兩指間，痛到後來整個人已經呈現虛脫樣，請屁爸幫我倒水，我則是繼續努力＋用力。

突然一陣便意感（護士說只要有這樣的感覺就立刻按鈴），我舉起手邊抖邊按下身後的服務鈴，護士快步走來內診，沒想到她立刻大聲喊：「推車來！這位媽媽全開了！趕快讓道。」

先生你老婆要生了
快跟上我的腳步！！

就這樣，大約 30 分鐘左右從兩指到瞬間全開，我也搞不清楚是怎麼辦到的，屁爸剛倒完水回來就看到護士快步把我推出待產室，水灑了一地也沒時間擦，就跟著追出去了。

到產房的路上都會遇到許多同樣是媽媽、探訪家屬或是路過的護士，他們都會對我說：「加油加油喔！你可以的。」現在回想起來真的很感動啊！小小舉動會讓人一輩子懷念感恩（再畫的時候眼眶就有點泛紅）。

但是屁爸就沒那麼開心了，他一直很想陪我進產房，但是因為醫院的設計有點奇怪，兩個產檯僅用簾子遮住，我進去時會見到另外一位也在生產的孕婦（還好我當時痛到一直低著頭，我實在不想也不敢看到這麼真實的畫面啊！）。

因為會看到對方，所以追上來的屁爸不能進去，只能在門外守候，事後他形容他快瘋了，只有我一個人面對，他在門外也不知道該怎麼辦，一看到護士進出就抓著問：「可不可以讓我進去！拜託讓我進去。」只差沒有破門而入。

大出屁寶的那一刻，笑壞護士們！

上了產檯後，一切猶如快轉般的情節進行，約莫十幾分鐘就聽到屁寶的宏亮哭聲！「天啊！我生出來了！」心裡默默鬆了口氣，醫生專心處理傷口，護士忙著清洗屁寶，邊洗還會邊大聲報告孩子的狀況：「很健康唷～哇！有兩個大酒窩好可愛耶！手腳很有力喔……blah～blah～」邊聽邊慶幸是選這家醫院生產，護士實在好專業（知道媽媽一定想聽孩子狀況）、好有耐心（不厭其煩的報告）。

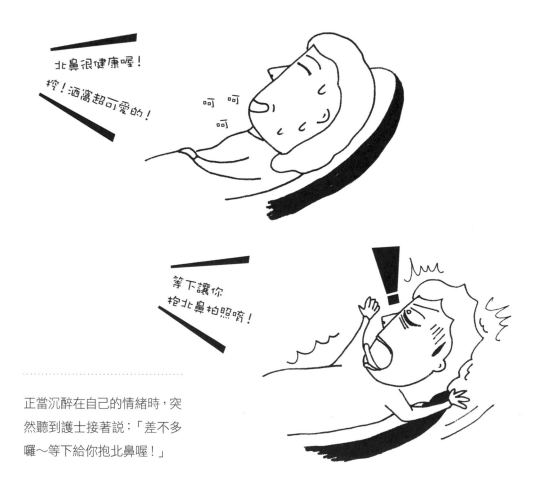

北鼻很健康喔！
挖！酒窩超可愛的！

呵 呵
呵

等下讓你
抱北鼻拍照唷！

正當沉醉在自己的情緒時，突然聽到護士接著說：「差不多囉～等下給你抱北鼻喔！」

「什麼！不行啊！我才剛使出全身吃奶扮醜的力氣生完小孩，沒有力氣可以抱他了，我會把他摔死，好不容易才生出來，不能就這樣……不行啊！」不斷對著護士大喊。

一群護士聽到失控的媽媽鬼叫，每個都笑彎腰，「媽媽你太緊張了啦！我會幫你抱著，你不要擔心。」說著邊抱著屁寶到我面前。

我在腦海中幻想過 N 百遍看到屁寶的情景，大哭、冷靜還是大笑？

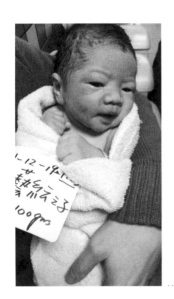

說真的，我沒有像多數媽媽形容的感動想哭，我倒是感覺到「責任已經真實的壓在我肩頭上了」，從今天起我要為這小生命負責，接下來的人生也會跟他緊密的連在一起，我真的當媽了！

不怕生養成術，靠這招騙吃騙喝！

屁寶還在肚子裡的時候，有一次家族聚餐，其中有一位約三歲的小姪子非常怕生，怕到任何人對他微笑打招呼：「弟弟～長大了耶！」都會立刻鑽進媽媽的懷抱躲起來，不然就是一直拍自己胸口說：「怕怕！怕怕！」

旁人則會一臉尷尬以為怎麼了，整場飯局下來爸媽只能輪流用餐，另一人要負責帶他到馬路上看車車。看到這一幕，心想以後要千萬不能讓屁寶這麼怕生，除了照顧者會很累，也失去很多與許多人相處（人緣）的機會。

屁寶出生後家中長輩有規定沒滿四個月不能帶出門，好不容易挨到期滿出關立刻帶著他探索外面的世界，逛賣場跟收銀台的工讀生聊天、擠市場跟攤商殺價要大蒜、去親友家作客甚至頻繁的去親子館和其他孩子相處……等，只要老木有力氣一定帶著他滿街跑，屁爸有時間就帶著一家三口去旅行，沒有希望他多麼活潑熱情，但起碼不要害怕人群、能大方面對形形色色的面孔。

好在這小子配合，當路人對母子倆微笑或是說聲：「弟弟你好啊～好可愛喔！」還不會講話的屁寶會露出帶著酒渦的笑容，開始牙牙學語後會靦腆的說：「謝謝。」直到現在嘴巴停不下來，遠遠看到路人就會大喊：「媽媽有叔叔！叔～叔～好、阿～祖～好、狗～狗～嗨！」激動到我要搗著他的嘴說：「好了好了～太大聲了！」不過倒是靠這招騙到許多糖果餅乾和漂亮姊姊的抱抱，不用擔心出門因害羞大哭或硬往我裙裡鑽，當媽的也算是輕鬆不少。

你兒子不怕生
很棒耶!!

姨姨抱

小色狼……

當然偶爾也會遇到就是不肯打招呼，擺著臭臉或是要哭要哭的樣子，隨著年紀越大還會回：「不～要！」但我不會強迫他一定要打招呼，頂多就和對方說：「啊～抱歉抱歉！可能想睡了喔！」離開的時候再跟屁寶說：「哎呀～剛剛姨姨好傷心你沒跟他說掰掰！」或是拿出他愛的繪本劇情跟他說：「恐龍是不是有跟公車說掰掰？有喔～下次你也要記得喔！」過度責備有時會讓孩子更反彈，告訴他禮貌的重要，但也要尊重他的決定喔！

你剛剛沒有跟阿姨說再見
阿姨好難過喔～

不要讓孩子玩插頭，不然會變這樣喔！

糟糕！忘記了
泡奶泡奶！

育兒生活真的沒有想像中的美好（電影廣告看太多），當媽第一個感受到的情緒就是「好緊張啊」！從軟軟的小北鼻擔心喝不飽，喝飽了煩惱有沒有順利拍出嗝，放回床上沒多久又突然大哭，老木的生活就是不斷繞著這小子轉圈奔走。

等過了比較容易溢奶的時期，卻也開始會翻會爬，一方面不希望局限他探索的自由，但又要時時刻刻盯著這小子不要玩到危險的物品（如插頭、電器……等）。

不要碰！
不行不行！！

危險！

？

因為自己就是小時候頑皮，手濕濕去摸插頭才導致左手食指電歪（慘歪歪），雖然不影響運作（還學過鋼琴和長笛呢！）。但偶爾面對他人看到嚇一跳的反應，自己也覺得頗不自在。

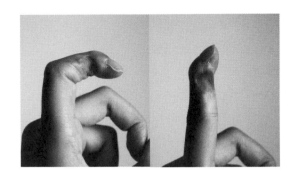

隨著屁寶自我意識越來越強烈，越希望他不要碰的他越想去試，新手老木也精神緊繃，好幾次屁寶睡著自己才真的放下心來休息。

和屁爸溝通加後，決定放下媽媽保全的身分，帶著屁寶去認識我們眼中的危險物品，好好解釋為什麼不能碰，你堅持要碰就去碰～等會痛痛不要找媽媽呼（此時屁寶就會放棄要玩插頭、熱水瓶……等），與其重複對孩子：「不要！不要！不可以！」不如一起分享原因讓他自己去感受危險看看，保全的生活也可以稍稍喘口氣。（當然，爸媽也要看情況，不能燒得燙燙的開水還讓孩子去試摸喔！）

你碰啊！

不要……

註：強烈建議可以分享手歪掉的照片給孩子或是放任的長輩看一下，才知道危險性哪～

下注！先叫爸爸還是媽媽？

當爸媽其中一個最大的樂趣就是：期待孩子先叫爸爸還是先喊媽媽。

為了這件事我跟屁爸三不五時都會拿來下注，賭晚餐、賭出遊……等，既然有賭注，三不五時就會威脅帶利誘的引導屁寶說出關鍵字。

不過說來也奇怪，這小子第一句話不是爸爸也不是媽媽，竟是「爹地」！

也沒特別教他這詞，不知道是從哪裡聽來學來的，但因為一樣是「爸爸」的意思，所以屁爸整個人笑得闔不攏嘴，好一陣子聽到屁寶喊爹地都心花怒放的（如果是女兒喊還得了啊）！

雖說，屁寶先喊的是爹地，但畢竟每天和他朝夕相處、把屎把尿的人是老娘我！很多時候這小子還是只要媽媽不要爸爸，母子倆自有一片爸爸進不來的小天地啊！哈哈！

牙牙學語，可以不要再跳針了嗎?!

屁寶説話算是很慢開始，常常被長輩念説怎麼還不講話、就憨慢，孩子被質疑時最受傷的其實是媽媽（因為是我在照顧的），一度很擔心會需不需要諮詢語言治療，但屁爸説我想太多孩子有自己的時間表，再觀察一陣子看看。

果不其然，大約快兩歲的時候開始講出許多單字，只要開始會講單字嘴巴幾乎像機關槍停不下來，最常發生的就是不斷重複再重複，即使你已經回答 N 遍，他似乎無法接收到你的回應而喋喋不休。

再來就是牛頭不對馬嘴問與答時間，因為希望能讓屁寶養成「有主見」的個性，也不希望什麼事情都是大人決定，而忽略了孩子的想法，所以幾乎大小事都會先詢問屁寶的意見，正值跳針時期的屁寶，回答常常讓大夥啼笑皆非，雖然有時常問到大人無力、小子惱怒，但回頭看看屁寶的成長，真的快到讓人捨不得呀！（但是可以稍微認真聽問題嗎？）

健忘不是媽媽的錯，是懷孕生子惹的禍！

懷孕後期到生產後，一直覺得自己記性越來越差，後來聽長輩說「一孕傻三年」，才知道是這麼回事（扶額）！最常發生的就是挖奶粉挖到一半⋯⋯

咦？現在是第幾匙啊⋯⋯?!

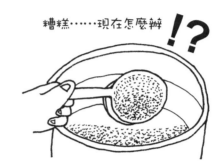

挖奶粉常常忘記第幾匙

糟糕⋯⋯現在怎麼辦 !?

同樣款式的衣服，一買再買。

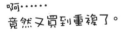

啊⋯⋯
竟然又買到重複了。

這也算一種才能吧？

有時嚴重一點竟然會同樣款式的衣服連買兩次，我不是那種很愛買衣服給孩子的媽媽，通常都是撿不要或是體面的衣服準備個幾件就好，所以能連中兩次，可見得⋯⋯我有多愛那件衣服啊！（誤）

屁爸比較擔心的是我和屁寶外出，目前還沒遇過忘記把屁寶帶回家（如果有那就糟糕了），但是常走到公車站牌，不是瞬間忘記要坐幾號公車，就是想不起來要去哪裡，只好很尷尬的打電話問屁爸，因為要出門前都會跟他說報備，免得母子倆失蹤沒有線索可以找（刑事檔案看太多），第一次真的有嚇到他，接著第二次、第三次……雖然擔心但也習慣了（起碼每次都平安回到家）。

瞬間忘記要去哪裡或是怎麼搭車

突然忘記要去哪裡了！

老公!! 我瞬間忘記我要去哪了啦……

蝦咪！

你不要嚇我!!
你剛剛不是說要回娘家嗎？

拿著東西走到奇怪的位置

我……拿衣架開冰箱做什麼!?

不然就是拿著曬好的衣服走到廁所、要找眼鏡發現在冰箱……等，這種看起來好像被附身的情況也層出不窮，後來想說把代辦事項寫在紙條上，邊寫還邊覺得自己好聰明好適合當小祕書，轉眼間紙條放在哪裡根本就忘了啦！

雖然上述的情形讓我實在有點困擾，但也不見得全是壞事，健忘常常讓我很快就忘記自己在氣什麼，有時候很氣屁爸，發誓今天一整天都不要跟他說話，才上個廁所出來又開始閒話家常了，過一會才想到自己剛剛好像在生氣，但是到底為了什麼不爽早就不重要了。

前一秒生氣，下一秒忘記！

目前已經傻了兩年多，距離清醒的日子不遠了（遠目），其實我覺得不是健忘，是生命中多了一個孩子，有太多事情要學習和處理，孩子也不會看你正在忙而跟你客氣，不爽就是要哭、哭累了就是要抱，很多時候要好好完成一件事情是不可能的，所以媽媽的腦袋總是有好多代辦事項拼命跳出來提醒，最後就……錯亂（健忘）了。

壞人都是老木，我們也想當好人！

屁寶是家族唯一的孫子、曾孫（目前），可說是集寵愛於一身，每天晚上都要到婆媽家讓長輩含飴弄孫，對於這孫子罵都捨不得了更別說是打，身為虎媽可不想自己的孩子恃寵而驕變媽寶，所以主要都是我在扮黑臉管教，也因為夠兇目前也都還治的住屁寶，但也導致長輩或是屁爸任何大小事都端出媽媽來扛轎。

快吃喔！
媽媽快回來了！

啊～

玩具還不收好
你媽要回來了！

哇啊～
快點！快點！

但當我真的出聲或動手又說：「唉唷他不懂不要這麼兇、不要打屁股啦！」然後一把攬在懷裡秀秀，邊秀還邊叫屁寶跟我說對不起……

EXCUSE ME！我有哪裡搞錯嗎？原本氣屁寶不乖的人是你們，怎麼叫我出來後又變成說我在生氣啊～我也想當好人耶～為什麼要營造媽媽愛生氣、隨時會揍小屁股的樣子啊！我承認我兇起來很可怕，但也不代表教育的重擔就只能落在我肩上吧！因為這樣好幾次為了這件事跟屁爸吵起來。

「為什麼你不管，總要扯我下水啊！」

「講媽媽來了比較快，你兒子會怕咩……」

「那你當爸的怎麼不讓你兒子也怕一下啊！」

「一個人怕就好了……不用兩個人一起嘛～」

不要什麼大小事
都搬我出來好不好？
不想方法解決
都搬我出來當壞人！！

唉唷～想到的方法，
就是……把你搬出來嘛～

後來娘家有位長輩跟我說:「其實主要都是你和先生照顧了話不用那麼擔心屁寶會變壞,偶爾讓孩子到長輩那邊去任性一下才知道帶孩子的辛苦。」

聽到這段話後瞬間豁然開朗,屁寶大部分的時間都和我在一起,只要在我眼皮底下一定盡好管教的責任,至於到婆媽家耍任性鬧脾氣了話,我就沉住氣不吭聲,有時甚至直接離開現場,讓長輩自己去學習處理。

過沒多久,受不了屁寶一盧再盧的長輩也開始會適時喝止、教導屁寶不對的行為,或是假裝拿出愛的小手以示警告(只是那小手從沒使用過就是了),起碼要媽媽扮黑臉的次數稍稍的降低囉~

每次都教我當壞人
這次你們自己教。

不要啊~
就是教不來啊!

放手吧！翻箱倒櫃探索期！

前文分享充滿好奇心的屁寶，一下摸插頭、一下開廚櫃……等，讓老木每天緊迫盯人，很難放鬆之外血壓似乎還節節升高（擦汗），但整天這樣精神緊繃對屁寶説：「不可以！髒髒～不能碰！唉～～」也不是辦法，這時期不就是最愛翻箱倒櫃的去探索這世界嗎？

於是，換個想法：不如營造安全的搗蛋空間給他。

盡可能把危險的東西收走，讓他的好奇心自由去探索，喜歡把盒子或抽屜的東西丟出來那就準備幾個盒子，裡面放些小玩意讓他丟；最愛把桌上的東西撥到地上，就擺些玩具讓他撥個夠；對垃圾桶很好奇，不如準備乾淨的小垃圾桶給他裡面再擺一些小紙屑遊戲房更是全面開放，隨便他去弄亂。

如果是比較危險一點的，還是會讓他去接觸看看，但是一定在旁邊看著，不小心摔倒了就讓他哭一哭（反正下一秒還是跑去玩）。等屁寶漸漸長大，會分辨事物的時候，也要做好教導的責任：要弄亂可以，但是要一起收乾淨，要玩可以，但是吃的東西不能玩。

現在，就讓這充滿好奇心的小子去冒險吧！

取嘿!!

NO～
不要啊!!

先生們，你的體貼能讓老婆更心甘情願付出。

結婚生子後很常被問到：「再選一次你還是會結婚嗎？」

我總想：「如果還是嫁給屁爸了話我願意。」

屁寶是個睡眠品質很差又很容易餓的孩子（這點應該是遺傳到屁爸），只要有點風吹草動就會醒來，更別說感冒、長牙時期，半夜醒來第一件事情就要喝奶，等到他喝飽入睡，老木我早就清醒躺在床上等黎明，好不容易睡了幾小時，小子則起床準備大玩特玩了，只要是假日，屁爸都會體貼我睡眠不足，屁寶起床都會帶著他到客廳吃早餐、玩耍。

不過有時候就是犯賤，明明有時間讓我補眠反而捨不得睡，總想說：「啊～不然來滑個手機好了，睡覺多可惜啊！」或是「開電腦寫文章好了，晚上早點睡就好了嘛～」屁爸偶爾也會生氣說：「就是要你睡覺休息，你還在東摸西摸！快睡啦～」

老公你快回來
我要瘋了。

怎麼了!!
你不要哭
我早點回去。

有時候面對長輩的碎唸壓力或是屁寶的搗蛋哭鬧，我常常不是大哭就是暴怒的打給上班中的屁爸發洩，不管有沒有在忙，劈頭就是：「很煩耶～為什麼要一直唸啊！你兒子又在鬧脾氣，我不想帶了啦！」電話一頭的屁爸總是溫和的教我冷靜，他會盡快早點回家幫我。

從沒想過會嫁到基隆來，雖說一切都適應得很好，但唯獨冬天的雨季始終讓我很不方便，帶著屁寶無法出門採買。

只要是假日屁爸都會提前問我：
「明天早上想吃什麼早餐？」不
管大雨還是寒流都會幫我買回來
（除非店沒開）。

拿去～你朝思暮想的
麥當勞早餐。

謝謝老公
你超體貼！

女人離開自己的原生家庭，和先生、先生的家
人一起生活，之中一定有很多地方不適應，而
當孩子出生後摩擦、心煩的事情會更多，有時
候我們不求什麼，只要先生能體貼、體諒我們，
很多時候受的氣、委屈也會因先生的態度而甘
之如飴。所以～先生們，你今天體貼老婆了嗎？

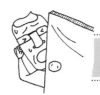

屁爸想幫忙，越幫越忙……

老公我不行了
我先去廁所。

好!! 你快去
兒子交給我!!

雖然屁爸是個非常願意幫忙
照顧孩子的爸爸，很多時候
分擔了不少事務，讓我可以
做自己的事情或是休息一下。

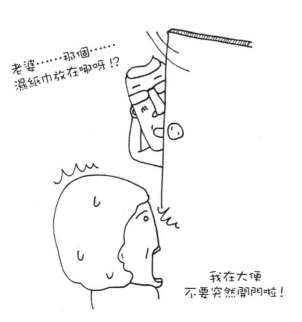

老婆……那個……
濕紙巾放在哪呀!?

我在大便
不要突然開門啦!

不過，畢竟屁寶大小事、家務事都
我在處理，導致屁爸常常要幫忙卻
越幫越忙……

明明前一秒還得意賺到了優閒，下
一秒就要回答濕紙巾在哪、副食品
該準備多少……等問題，有時解釋
老半天屁爸還是不能意會，還是得
走過去協助，這……完全沒辦法休
息嘛！

其實有孩子在真的很難有自己的時間，要嘛就等他睡著，不然隨時都要有人陪在他身邊，不只陪玩耍也要保護安全，所以對於屁爸能盡可能的減輕我的負擔，其實還是打從心裡感謝啊！
（但是可以麻煩記一下衣櫃放衣物的順序嗎？）

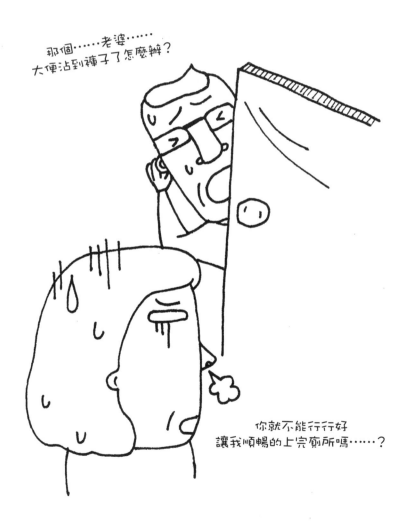

新手媽媽「憂鬱」不是沒有原因的

新手媽媽從懷胎十月到生產完,除了賀爾蒙作祟,還要面臨許多沒經歷過的考驗,很難一時半刻把狀態調整好,這時身旁的老公、好友、家人的陪伴和關心真的非常重要(重複三遍),那時生完屁寶,整個人情緒很常失控,會大吼大叫、莫名哭泣、沮喪,屁爸一直陪在我身邊任我出氣,加上發現自己有產後憂鬱,努力放鬆心情轉移重心才慢慢走出來。

【賀爾蒙你好壞!】

從懷孕到生產完賀爾蒙會產生劇烈變化,導致精神上種種不安,原本稀鬆平常的事情在新手媽媽眼裡卻是格外敏感,例如:一件小事就哭泣、普通一句話卻反應好大……等,陪伴在身邊的家人,千萬不要覺得媽媽在耍脾氣,一定要認真看待這件事情並多多陪伴開導噢!

【內診讓人好憋扭】

不管是自然產、剖腹都需要一定的時間復原，除了身體要承受疼痛不適（走路、上廁所），面對醫生的內診心裡也頗有壓力，雖然許多前輩媽媽說：「過完生產那關，內診也沒什麼好害羞了。」不過我自己還是很不習慣，加上內診又會刺激到傷口不舒服，就覺得好煩躁真想趕快復原！（咬手帕）

醫生！我都好了可以不用內診。

好不好
不是你說了算……

【可不可以理一下媽媽啊 ?!】

當知道寶寶出生，親友就開始緊鑼密鼓的探訪、送禮，不管我說了N百遍：「剛生完只想好好休息。」還是無法阻擋大家熱情的好意，但是整個焦點都在寶寶身上，拚命交代媽媽該怎麼做才對，就是要把寶寶身心靈顧好，完全忘記咬牙生出寶寶的媽媽。

有人會說：「唉呀～是大人會照顧自己了嘛！」那你生病開刀需不需要照顧你呀？沒問候就算了還拚命教你要照顧好家裡的小貓，我想任誰都會不是滋味吧 ?!

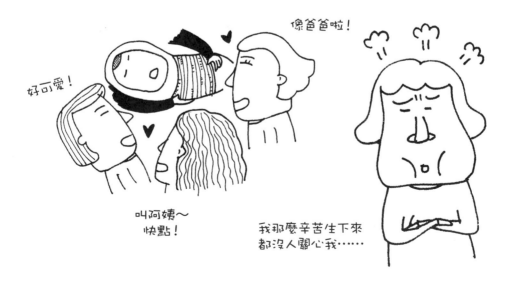

好可愛！

像爸爸啦！

叫阿姨～
快點！

我那麼辛苦生下來
都沒人關心我……

【睡飽是什麼感覺】

環境的改變會讓新生兒沒有安全感，飲食、睡眠都需要慢慢調整，除了 4 小時喝一次奶，還會有許多突發狀況（胃脹氣、莫名哭泣等），常讓媽媽手足無措，即使有家人、月子中心的照顧，也因為推行母乳每四小時要擠一次。

基本上媽媽是很難好好休養的，難怪總是告誡孕婦：「現在能睡就趕快睡啊～」

【過度關心壓力好大】

提倡母乳的好處，我想現在每位媽咪都很清楚，營養價值高、和寶寶更親密、省奶粉錢，但是總有許多例外的時候：體力真的不行、就是沒奶水等，**沒有餵母奶不代表就不是好媽媽。**

當正在煩惱奶水問題時，還要面對許多婆婆媽媽的關心，分享當年又當年的育兒經希望你能採用，有時候被太多聲音絆住，會讓媽媽壓力很大，記住：**自己要先調適好（生理／心理）才能好好照顧寶寶喔！**

【好想隨心所欲喔！】

好不容易熬過孕吐、挺個大肚子生活、拚老命生下寶寶，接著還有為期一個月的「忍耐力」訓練，這個不能吃、頭髮不能洗、連手機都希望你能不要滑，一個月下來只能躺在床上對著天花板傻笑，我想很難不憂鬱吧？（只差沒銬手銬了）。

【又不是在搞曖昧】

寶寶出生後，還在努力認識彼此的情況下，真的有好長一段路要走，常常因為搞不懂寶寶的反應需求，手忙腳亂又心情緊繃，看似好像開始了解寶寶，卻又因為不同時期都有許多關卡要去破解（如：長牙、感冒……等），只能説當了媽媽真的無所不能。

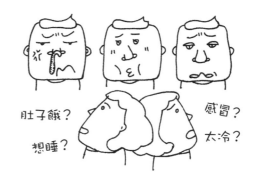

【輸在起跑點是壞事嗎？】

網路發達的時代，很多問題都可以從中找到答案，但也可以感受到許多壓力，看著其他媽媽翻圖卡、鼓勵共讀、寶寶各式課程，常讓我覺得喘不出氣。

被問到：「媽媽你有沒有翻圖卡、念故事給寶寶聽啊?!」

只要回答：「還沒有耶～」就會接收到高八度的回音：「為什麼啊？很重要耶！」

即使裝不在意其實還是莫名的壓力綑綁住自己，放鬆心情面對，很多事情不是絕對也沒那麼嚴重。

【多一張嘴要養的擔憂】

自己是全職媽媽，經濟重擔自然落在屁爸身上，每當要繳水電瓦斯費、添購寶寶用品……等都會很有壓力，日子雖然都過的去，但說不擔心是騙人的，更別說夫妻倆也會有許多物質上的需求（旅行、美食……等），壓力自然會影響在家帶小孩的媽咪，一方面想陪伴孩子，一方面又思考著是不是該外出工作減輕負擔，不管決定如何，一定要和老公有共識，兩個人目標一致，很多問題都可以迎刃而解。

【勇敢跨出家門】

艾莉有認識許多媽咪，如果沒有老公的陪伴，是不敢自己單獨帶小孩出門，所以只有等老公放假才能外出透透氣、散心。其實帶孩子出去沒有那麼難，去住家附近、朋友家走走，心情就可以大大改變喔！

孩子吵鬧，別被情緒牽著走。

我們夫妻倆很怕人多的地方，只要人一多就會心浮氣躁，所以假日我們都會選擇住家附近或是比較冷門的景點出遊，有一次屁爸想說去吃好久沒吃的某家餐廳，結果一到現場發現平日中午人潮不輸假日，既然都來了，我們還是硬著頭皮坐下點菜。

我站在旁邊等屁寶哭完後回位子找屁爸，東西收收趕緊閃人，大約不到幾分鐘的時間，屁寶已經忘記剛剛被打屁屁大哭的事，又開始嘰嘰喳喳的講話、大笑，但老木的情緒可沒辦法轉化的那麼快，整個頭上都是揮之不去的怒氣。

回到車上打電話給娘家媽媽，娘家媽媽簡單幾句話就讓我火氣全消：
「他花一分鐘忘記剛剛的錯事，你卻花十分鐘還是很生氣，有時候我們要向小孩學習，無心的錯不用放在心上，不要被情緒牽著走，你要打小孩可以，但是你要知道『**你在打**』而不是『**失控亂打**』，這點很重要一定要記得。」

深呼吸
不要被情緒
牽著走

事後和屁爸討論，因為在外面還是要不打擾到他人用餐為原則，下次真要管教就帶到廁所罵或是打屁屁，最好的方法是直接一人帶他離現場去附近走走，等另一人吃完飯再交換，有時真的不知道要怎麼教導這時期似懂非懂的孩子，不明白要愛的教育還是打屁屁，但是娘家媽媽的話一定要記時時刻刻記在心裡倒是真的。

註：出門還是記得隨手抓個玩具或有聲書，平常也可以將新買的玩具先藏起來，出門再拿出來會有新鮮感也比較能
　　分散孩子注意力。

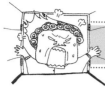

小孩睡著媽媽才能休息，誰吵醒跟誰拚了！

經營粉絲團其中一個原因，就是喜歡分享自己覺得不錯的育兒好物，漸漸的網路上有媽媽開始詢問可不可以開團或是幫忙買，我很喜歡透過團購和媽媽們或廠商互動，這讓我感覺很像回到工作崗位上，有成就感、能獲得滿足或警惕，從談價、製表單、對帳到包裝寄出都是我一個人負責，所以常常有聯絡媽媽的機會，久而久之總覺得天下的媽媽行為都是一樣的。

【手機不是靜音就是振動】

最常遇到的就是怎麼打都沒有人接，直到對方回撥回來才知道孩子剛剛在睡覺調靜音，忘了調回來，艾莉自己也是常常這樣，之前屁爸還會很白目的打室內電話，一接起來聽到是他就直接先問候：「Ｘ的，有什麼事情急到要打家裡啊?!」

（屁爸一定覺得很衰，這樣也中槍？）

【寄件單一定要註明：先來電】

這真的幾乎每位全職媽媽都會這樣要求，只要
是快遞、宅配都很好配合，最怕的就是郵差和
貨運，管你家是老的小的，電鈴就是死命的叮
叮叮！按得很爽快，當媽的心裡可是很「度爛」，
我的自由就毀在你手上拉！（倒地大哭）

好幾次因為屁寶才剛睡著，就遇到貨運死命的按電鈴，
有的還會直接大喊：「喂～翁小姐包裹啦！」
真的很想開窗大喊：「你是不能先打手機嗎？」（摔盆栽）
雖然很氣但也無可奈何，有些公司沒有配手機總不可能要求司機花錢打電話嘛～

除了寫「先來電」之外，媽媽也很常要求備註「贈品」，我第一次看到這個要求的時候立刻會心一笑，因為當媽後真的很愛幫孩子買東西，也因為這樣常被老公或長輩念怎麼又花錢，寫上贈品後好歹收包裹可以理直氣壯一點，有時候如果一大箱我就會特地列印一張超大的「贈品」貼上去，收到的媽媽都會大笑跟我說謝謝，算是彼此間的一個小樂趣。

【電鈴旁邊貼紙條】

後來有想到一個方法就是在電鈴旁邊貼紙條，樓下大門我會寫一張「幾點到幾點送貨請先來電」，不管是郵差或是貨運看到都會幫忙配合（非常感謝！），至於住家門口是因為整個家族都住在同一棟樓，有時候會假借拿個飯菜、借個蒜頭想要看屁寶，電鈴一按下去媽媽臉也綠了，所以貼一張告示麻煩親戚配合一下（笑）。

屁寶剛出生的時候身邊的長輩常說：「不要讓孩子怕吵，不然以後淺眠全家都要配合安靜。」我一開始都銘記在心，屁寶在睡的時候我還是照正常的作息（說話聲、開關門聲等），但是當自己發現，孩子淺眠就是淺眠，不小聲一點你就沒得休息時，實在管不了長輩怎麼勸導，累的是當媽的，我說小聲就是要小聲（跩什麼？）。

真的沒有當過媽媽，應該很難理解那種戰戰兢兢的小自由吧?!
或是很難明白醒來就醒來，到底有什麼好氣的？

即使當了媽也不能忘的六件事

當自己從人妻變成人母後整個世界都不一樣了，所有的心思都繞在屁寶身上，看了許多全心全意奉獻給家庭、孩子的媽媽，當孩子漸漸長大有自己的生活，卻因為無法適應或是怕被遺棄而緊抓著孩子不放，不但兩邊辛苦對彼此的感情也沒幫助，分享即使當了媽媽也不能忘的事，一起來看看吧！

【一定要有其他生活重心】

剛生下屁寶時，所有的人都搶著要看他、照顧他，那時每天都精神緊繃，只想一家三口在一起，為什麼總是有那麼多人來打擾？只要屁寶被抱去玩、抱走我都會很不開心，一直盯著時鐘說：「怎麼還不回來？怎麼還不把屁寶還我？」

後來屁爸的鼓勵及支持下，學著把屁寶放下（我不可能抓著他一輩子），開始學拼布、經營部落格，試著把重心分散，而屁爸只要下班還算早，就會帶我去海邊散步，心情漸漸越來越開闊，也不會緊抓著屁寶不放，現在婆媽們要顧我和屁爸還很高興可以休息了咧！

【朋友互相打氣很有用】

為人母後漸漸的生活圈裡的朋友也都是媽媽，分享媽媽經、討論婆媳問題、一起敗家，很多時候的不愉快，和朋友聊過後都會好很多，產後憂鬱那陣子，剛好身邊有前輩媽媽的良言，才讓自己醒過來。

除此之外，更可以多參加媽媽社團、聚會、讀書會……等讓自己認識新朋友，對於媽咪生活有很大的幫助噢！

【只有懶女人沒有醜女人】

不要覺得嫁了人、當了媽就可以不用顧外表，我是很懶惰的女人，常常頂一個亂七八糟的頭、戴一副破眼鏡和屁寶在家，不過要和屁爸約會、朋友聚餐，還是會盡量把自己打扮體面、整潔。當然～不是要你花大錢買衣服、做臉，起碼要乾淨，不是一身黃臉婆的樣子。（雖然老公説不介意黃臉婆，但……天曉得呢？）適時展現美麗，維持自己的身材和健康，才有本錢不怕老公亂來（誤）！

喔好癢喔！
是不是昨天
沒洗澡的關係……

病……
你要不要先去洗？

【留點時間給自己】

當媽的總會説：「一天 24 小時都不夠用了，哪來自己的時間？」，適時把孩子交給信任的人：公婆、先生、親友。
（你不喜歡的人不代表他們不會顧孩子。）

掰掰～
要聽話喔！

三十分鐘、一小時都好，讓自己休息一下發個呆、看個書、泡泡澡，而這短短的時間讓自己心情、情緒更有彈性，讓自己充電再繼續努力的不二法門。

耶～自由
我來了!!

【女人有錢什麼都不怕】

這點應該是每個時期都不能忘的事情，不會投資也要養成儲蓄的習慣，即使今天家裡急需用錢甚至和先生失和離家、有想買的東西都不怕，即使是家庭主婦也要想辦法存個私房錢，不要把家用都花光光，等真要用才慌張。

艾莉的媽媽是個女強人，自己做生意，把賺來的錢投資理財，40 歲退休想出國就出國，只因為她知道錢的重要，也一直不忘提醒著我，也希望能讓每個女人都能明白，靠男人不如學會靠自己。

老公的錢，
就是我的錢！

至於我的錢，
還是我的錢。

真的！媽媽的願望就是這麼簡單！

你還記得年輕或是單身時許的是什麼願望嗎？
出國旅遊、好工作、好歸宿？

有些看似微不足道的小願望，
在當媽後卻遙不可及，也從只
為自己著想的願望，改變成漸漸
站在一家人的立場去祈禱。

【看著孩子長大】

生命稍縱即逝，誰也不能保證明天會如何，能和另一半好好看著寶貝長大，這是最樸實又無
可取代的最大願望。

時間就是那麼奸詐，越想抓緊它跑越快，疲累的時候總希望他快點長大，冷靜過後又覺得能
抱屁寶入懷好幸福，把握和孩子相處的每一個時光，感受活在當下的美好，一轉眼這些事已
變回憶了。

【好好睡覺很難嗎 ?!】

從一開始的夜奶、長牙不適,偶爾感冒每個階段都有不好睡的理由,苦的是睡在旁邊的媽媽們,常常睡眼惺忪的安撫孩子,即使現在屁寶已經兩歲多了,晚上床頭櫃還是會擺保溫水瓶和奶粉,以防屁寶半夜又有不知名原因醒來,起碼不用跑到廚房去泡牛奶,每次只要又半夜爬起來哭鬧、甚至唱歌玩耍,總是一邊打著哈欠一邊乞求:「可不可以讓我睡啊 ?!」

媽媽……泡牛奶……

你就不能
好好睡到早上嗎?

【給我三十分鐘就好】

距離上次做臉、好好看本書有多遠了呀 ?! 不管是全職媽媽或是職業媽媽,整天陪著孩子、忙家務,能有自己的時間也都累得倒在沙發上趕快扒個飯,滑個手機而已;職業媽媽也沒輕鬆到哪裡去,下了班趕著接孩子、陪孩子,準備晚餐督促孩子上床睡覺,等一切妥當想做點什麼,卻也因太晚再不睡明天會沒精神上班而作罷。

【你好睡，我一夜難眠】

這跟上一點有什麼不一樣呢?! 大多數孩子總算可以睡過夜或是好好睡覺後，免不了 360 度旋轉翻身配一個側踢，偶爾再來夢中尖叫或啜泣，孩子自己睡的香甜，媽媽則是不斷被挨一腳、挨一掌的怎能睡得好啊？

另外一點，有時候屁爸或是長輩把孩子抱去，讓我好好休息補眠，但是孩子一離開，人其實也醒了，頂多就是躺在床上發個呆、玩手機，還是會一直想：「屁寶還好嗎？吃了沒？他們去哪？」當了媽媽好像就注定和好眠無緣了。

【來～啊～再吃一口就好了】

滿常聽到朋友或是網路上媽媽説：「孩子胃口不好，怎麼絞盡腦汁想好料就是不買單。」
艾莉有經歷過一兩次屁寶不肯吃飯的情況，那時擔憂的心情現在也忘不了，如果這時旁人再補一句：「是不是不好吃阿？那麼瘦？」我絕對會大哭然打給屁爸。
正常的媽媽絕對不會讓孩子餓肚子的，請不要在旁邊説風涼話，增加壓力卻沒有解決問題，面對孩子不愛吃飯的媽媽們也盡量放鬆心情面對，不要過度逼迫讓孩子更反彈。

【我家裡也想養一頭母牛】

到現在都還記得忍著痛努力擠出第一滴初乳的心情，跟屁爸壓低聲音歡呼，因為疼痛和感動而流下眼淚，為了能給孩子營養、充沛的母乳，媽媽們幾乎每四小時就要擠奶，很多食物更是一律忍痛說再見，而家人的支持及體諒更是媽媽的動力喔！

【再次感受戀愛的滋味】

身邊總是圍繞著孩子、柴米油鹽醬醋茶真的會膩、會累，夜深人靜的時候難免會懷念起打扮光鮮漂亮的上班族生活，更別說因這些瑣事消磨了和屁爸間的熱情，總會希望能有單獨相處的時間，好在長輩都願意幫忙照顧，週末都可以放個半天的假去看個電影、散個步，想要好好約個會，就要先學會放下孩子，慢慢來，先將孩子交給信任的親戚，從一起逛樓下便利商店開始吧！（超渺小的第一步！）

帶孩子出門又不是做壞事，總擔心被唸？

屁爸整個家族都住在我們樓上樓下，每天婆媽們沒事做，就是等屁寶來陪他們吃晚飯，一開始覺得很壓抑，有沒有這麼愛他，為什麼每天都要見面？屁爸也只能無奈聳肩：「長輩總想著含飴弄孫嘛～」所以，當我說要帶屁寶出門不回來吃晚飯、過夜時就會有種莫名的緊張感。

很多與長輩相處的「咩尷」雖然還很多不懂，但起碼知道要學著去接受，並試著在這之中取得平衡。

我依舊堅持要帶著屁寶趴趴走，我希望趁還有時間、體力，能陪伴他去看不一樣的世界，但是我能妥協的就是，不要太晚回來（太晚我也不敢帶著孩子在外面晃），能讓他們每天見到屁寶，偶爾也會帶著長輩去走走，讓彼此的生活靠近卻保有適當的距離，有喘息的空間才能好好相處下去。

如果不試著走出自己的生活、培養興趣，老了是不是就跟某些長輩一樣？不想外出也不肯外出，只希望親友待在家陪伴，趁現在我們都還有活力、體力，揮灑生命不是十七八歲年輕人的專利，和姊妹保持聯絡、學做瑜伽、有氧、騎單車、旅行露營……等都可以，就是不要讓自己封閉的世界只剩下家人；或許長輩當年無法選擇想要的生活，所以無可奈何，但現在我們是可以選擇的，多多嘗試新事物發現更多不一樣的自己。

那……以後上學
也很容易感冒，
那就不要讀書囉？

我……我不是這個意思。

不是不放手，只是當媽的擔心太多。

我一直很鼓勵全職媽媽也要追求自己的生活，不管是學新事物、和先生培養感情等，就是別讓自己的生活只剩下「孩子或先生」，但很多時候不是當媽的不放手，而是因「擔心」打消了念頭。

很怕放手了，孩子不要你、不愛你，怕沒有繞著孩子轉，以後跟孩子不親，怕自己不在孩子的身邊，一有個意外、閃失怎麼辦，太多擔心讓媽媽覺得：不行！我不能放手！

先從「怕孩子不要你、不愛你」來說吧！

每次聽到這些話我都會說：「**沒有人可以取代媽媽的！絕對！**」

他是我們辛苦懷胎十月的寶貝，絕對是和媽媽最親，今天不是丟著孩子不管，我們還是會與他生活、陪伴他長大，你只是短時間離開他身邊（上班、上課、喘口氣），不學著放手，孩子之後上課、住校、離家、成家，你能放的了手嗎？還是會變成跟你討厭的長輩一樣：抓著孩子不放手。（應該很有感吧！）

不行！！
孩子會不要我
我一定要陪著他！

再來「怕跟孩子不親」不敢放手

套句艾莉媽媽常說的話：「跟孩子那麼親幹嘛？希望他養你嗎？」每次聽到我媽說這句就覺得很好笑，是啊！這麼親要幹嘛，或許聽起來可能覺得有些刺耳或太偏激，其實只是要表達，孩子不是你的唯一，做好母親的角色不會和孩子不親的。

【努力創造自己的生活】

孩子會以你為榜養、崇拜你，那個孩子會希望媽媽整天在家等他回來？

【努力讓自己有積蓄】

基本上，有錢就有後路，也不怕孩子不要你，反而在某些時候是孩子需要你。

【和孩子有適當的空間】

就像情人一樣，天天膩在一起很容易摩擦，整天繞著孩子不會喘不過氣嗎？彼此分開一下，反而會更黏媽咪呢！

最後，**怕自己不在孩子的身邊，一有個意外、閃失怎麼辦？**要先引述證嚴法師的一段話：「一個父母常常擔心他的孩子，他的孩子會沒有福氣；因為福氣都被父母給擔心掉了；父母希望他的孩子有福氣，就要多多祝福他的孩子，而不是擔心他的孩子。」

如果我一直擔心屁寶就能**保證他平安健康**，那我得憂鬱症也要拚命擔心，但這是不可能的，你再怎麼擔心孩子一定偶爾還是有意外、還是有生命的緣分安排，不如試著把「多餘」的擔心放下，好好「祝福」孩子。

補充一些媽咪們最常問的問題：

Q1）我不放心給○○○（自行填入）顧：

是不放心還是不喜歡？心裡應該有答案吧！只要不是行為有偏差或是不良習慣（例如喝酒、在孩子面前抽菸、根本沒在顧等）。基本上都可以放手，真的很擔心了話就慢慢來，三十分鐘、兩小時、半天去試。

Q2）我不在孩子好像無所謂，也沒有找媽媽：

那很好啊！表示孩子和照顧者相處融洽，你可以更放心去做自己的事情，不要覺得孩子不需要你而心有不甘，有時候從外面回來屁寶也不太理找，通常是兩個情況：
①他玩得正高興才沒空理你咧！就讓他繼續玩找去整理回來的東西、換衣服，等他玩完了想到了就會跑過來黏找（或屁爸）了。
②他在鬧脾氣你不在他身邊。
可以試著和孩子說：「爸媽只是出去一下呀！有○○○陪你也很好呀～」讓孩子明白我們沒有不見，只是也有自己的事要處理，學著適應爸媽不在身邊並培養獨立。

Q3）我覺得○○○（自行填入）好像在搶小孩，我不敢放手：

這的確是很常見，如果又只有一個孩子（孫子）了話就更容易發生，之前剛生屁寶也會有這樣的感覺，屁寶一離開找就很擔心（事後證明自己想太多），有時可能對方感覺到你在防他們，反而會更故意想去占有孩子，孩子本來就不是屬於誰的，試著放手不要有敵意，找相信長輩會感受到，另外一方面，多個人愛孩子不是很好嗎？雖然可能跟我們不合，但是起碼孩子是在充滿愛的環境長大。

Q4）我怕孩子被教壞、被亂餵食：

請照顧者短時間陪伴，其實只是保護孩子的安全，但是真正的教育、行為還是由爸媽負責，如果是長時間照顧（例如整個星期）有不好的行為，當然就是請老公協調或是拿老公的名義發號施令。

長輩亂餵實在是很常有卻又無可奈何的事情，當初我也非常緊張、曾在所有長輩面前大發雷霆讓全場尷尬，有時候只是餵小小一口，在我們眼裡卻是膽戰心驚，盡可能的柔性勸導，再不行就睜隻眼閉隻眼，眼睛沒看到，心裡就不要亂想，看到亂餵就請老公、信任長輩交代或是叮嚀，慢慢隨著孩子越大（如滿一歲後），能接受的食物越來越廣泛後其實也可以放下過多的擔心，讓自己的生活更充實、有趣。

全職媽媽的寂寞難耐（咦 ?!）

真要為全職媽媽的生活下一段註解，我想我應該是：「寂寞的忙碌著」。

還沒生下屁寶前，是在一間頗大的公司上班，每天都很熱鬧，轉個頭就可以聊天，走幾步就可以要零食吃，即使開會吵鬧爭執也覺得充實有收穫，當為了孩子轉為全職生活，說真的到現在兩年多還是很不習慣，耳邊不時會響起同事間嬉鬧數落的聲音，在家打開電腦總會因為沒人找你而感到失落。

剛開始嬰兒時期屁寶睡飽吃吃飽睡，我還有時間可以做些自己的事情，隨著他開始會思考有情緒，才是母子間磨合溝通的開始，總是受不了動不動就嘶聲大哭作為表達的屁寶，慢慢解釋、好言相勸、轉移目標、拍桌大吼……每一個時期當媽的總是見招拆招，面對還不太能溝通或不明白同理心的孩子，很多時期真抓狂又無力，最常問屁爸：「我到底該怎麼做？為什麼他總是……」

當一邊處理孩子情緒或是生活大小事，一邊透過網路看見朋友的吃喝玩樂，自己卻只能在家面對哭鬧小人或碎唸長輩，此刻的心是充滿沮喪又忌妒的，全職媽媽的寂寞表露無遺。

媽媽抱抱！
媽媽抱抱！

好幾次反問自己：「到底在做什麼？這是我想要的嗎？是否該回職場生活？」
但看著熟睡像天使、對著你燦爛一笑、一點一滴發現進步的屁寶，心裡會有一個聲音告訴自己：「現在雖然累但也可貴，試著讓心平靜，生命自有安排。」

每每想到這一段話，就會告訴自己打起精神，現在的生活不就是我曾經朝思暮想的嗎？找個屁寶不在或是睡覺的時間，吃個甜點喝杯咖啡，心情沉澱下來後也不會那麼負面，繼續面對這寂寞又忙碌的全職媽媽生活。

開動！
一掃沮喪陰霾。

媽媽的心永遠牽掛著孩子

屁寶常會沒來由的發脾氣（或許是我猜不到原因），好言相勸依舊故我哀嚎，大聲嚇阻換來更高分貝的哭鬧，整天下來當媽的心浮氣躁。

有時候等不及屁爸回來，我就先把屁寶帶去長輩家，麻煩他們幫忙看顧一下，我則是外出透透氣轉換一下爆青筋的心情。

通常很氣的時候都會想逛個街，買件衣服或是小東西犒賞辛苦的自己（是多辛苦？），但每每吸引我的總是孩子的商品，真的有看到自己想要的卻又捨不得買。

哇～這件好可愛
好適合我兒子喔！

太太好眼光
我這件正韓的喔！
喜歡算你便宜。

最後氣消了、心情不那麼煩躁後回到家後才發現，買來買去全都是屁寶的東西，即使出門前在生他的氣，也是時時刻刻在牽掛他啊！從當媽媽的那天起，「心」注定就是繞著這小子轉的（老公已經去牆角了）。

哼！買來買去
全都是臭小子的！

抽高期是每個媽媽的噩夢

天壽啊～
自己吃那麼胖
兒子怎麼養
那麼瘦啊？

沒……沒有啦！
他吃很多，吃不胖。

我承認孩子圓圓肉肉真的很可愛，現在回想屁寶肥滋滋時期的模樣，真的很令人陶醉，但大約到了一歲左右，孩子開始會往上（高）發展，身形也不會像以往那麼「勾錐」，明明是一個正常不過的現象，卻讓走到此刻的媽媽們走得心驚膽戰。

相信每一位大人都知道，過胖其實是不健康的，小時候胖算可愛，長大胖是困擾，那為什麼一定要用胖瘦體重來評斷孩子健不健康？

屁寶抽高那段時間，最先不能接受的是家中長輩，一直問：「到底有沒有餵飽他？怎麼瘦了、臉也不圓了。」我第一次被質問時又氣又傷心，我是個會讓孩子餓肚子的媽媽嗎？他肯吃我會不餵他嗎？即使出動婆婆幫忙解釋，長輩依舊活在他認定的思想裡：「孩子瘦了就是沒吃飽。」

家中長輩的問題還沒解決，緊接著開始面臨路上婆媽的好心問候或刻意比較——

路人婆A：「好可愛喔～多大啦！」

艾莉：「謝謝～這幾天剛滿一歲半。」

路人婆A：「一歲半?!怎麼那麼小一隻，我還以為他剛滿一歲耶！」

路人婆B：「有沒有吃飯啊～媽媽這麼福氣孩子怎麼那麼瘦呀？你看看我孫子～人人誇呢！」

艾莉：「喔……姨嬤有經驗，小孩顧得好！」

有事嗎？這些走在路上的婆婆媽媽們，屁寶再瘦也沒瘦到不成人形啊！如果單純分享育兒方法我真的很願意虛心受教，但不要假借好意之名行炫耀之實好嗎？

有一陣子因為太過怨恨，腦袋裡還預設許多要吐槽回去的話，免得老木不吭聲你當我是枯樹，不過屁爸知道我這的念頭後，直接要求不要、也不准我這樣做，不用花心思浪費在沒意義的事情，讓婆媽開心就當是功德一件吧！

奶嘴戒法好多種，選對方法快速搞定！

戒奶嘴説起來好像是小事，但真要戒起來又很頭痛，感覺一定要經過哭天搶地一番才能到達目標，所以要幫寶寶戒奶嘴前先想好「**為什麼**」，個人認為其實吃奶嘴無妨，比較擔心是吃過頭太依賴，無時無刻都要來一口，甚至影響牙齒發展，而屁寶我發現越來越有這樣的情況，不管醒著或是睡著，就是一直想咬奶嘴，不給他就一直發出：哼哼哀哀的 RAP。

一刀兩斷
切八段

OOPS!!
奶嘴壞掉了！

眼看這樣下去不行，我可不想讓屁寶變成無時無刻都含著奶嘴，或是哭倒在路邊只為求一口嘴的小孩，於是收集了幾個戒奶嘴的小方法：

【一刀兩斷跟奶嘴切八段】

屁寶已稍微聽得懂人話，也看得懂爸爸媽媽在做什麼，所以毅然決然在他面前把奶嘴剪斷，然後説：「壞掉了～沒有了！」原本以為會鬼哭神嚎，一開始還會不甘願的喊著要ㄋㄟㄋㄟ，把壞掉的奶嘴給他，啃個幾下不對勁丟旁邊，很快就接受沒有奶嘴的事實了。

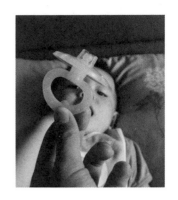

【直接讓奶嘴人間蒸發】

身邊滿多媽媽是用這招，沒有奶嘴就是沒有！屁爸小時候聽説也是用這招戒奶嘴，阿嬤把他帶到橋邊把奶嘴往下丟，任由屁爸哭個三天三夜接受事實，徹底和奶嘴説再見，也不會有晚上還要奶嘴安撫的情形，算是不留後路又很乾脆的作法。

哎呀！
奶嘴說它要回娘家，
今天沒奶嘴吃了！

註：這種作法比較「激烈」，可能會讓孩子短時間比較沒安全感喔！

【涼涼的感覺好奇怪！】

普遍長輩比較傾向這種做法，在奶
嘴沾上一小滴綠油精或是百齡油，
含住後會因為涼涼辣辣而產生反感。

註：此為坊間偏方，使用此方法前先詢問醫師
喔！

我們最一開始是用這個方法，輕輕點上綠油精（自己還有先試吃），這小子果然皺眉頭把奶嘴
丟掉，但是沒多久似乎習慣又繼續拿起來吃，這招用在屁寶身上算是失敗。

【有話好說嘛～】

可以用溝通的、說故事的方法引導孩
子不依賴奶嘴，這方法適合年齡較大、
懂事的孩子。
選對寶寶的個性和年紀來戒奶嘴，可
以事半功倍噢！當然，我覺得適度吃
沒什麼不好，起碼安撫寶寶爸媽得以
休息，但是就不要過度依賴奶嘴囉！

屁寶：不要！不要！不要!!

屁寶漸漸來到「不要時期」，任何事情都只會回你:「不要！我不要。」一開始以為他真的不喜歡，幾次後發現他是為了不要而不要。

艾莉:「要睡覺了」

屁寶:「不要！」

艾莉:「那要不要吃布丁？」

屁寶:「不要不要……誒？要！」

老木的脾氣及耐性也沒有很好，反覆問了幾次自己也開始惱怒，最後老木生氣、屁寶大哭，這樣的情形持續了好一陣子，每天 24 小時黏在一起不想個辦法不行啊！

後來看了一些育兒書或是請教前輩媽媽，我決定:「既然不要，那就不要囉！」

不想睡覺，那你就自己去遊戲房玩，媽媽要睡覺了（把房門關起來）。

不想吃飯，那就別吃囉，肚子餓就等下一餐。

不想收玩具，太好了！那我送給別的需要的小朋友，他們會把玩具照顧好。

因為了解屁寶的個性，所以可以抓住他的小辮子扯一下，稍微可以讓他感覺：選擇不要好像會很可惜耶！

至於不肯吹頭髮、穿外套……等，關係到健康我就會強制要吹乾、穿上，但可以趁他打噴嚏的時候機會教育：「你看，頭髮濕濕感冒了吧！那明天不能去散步了耶！」

面對這個時期的父母，我想要先讓自己對「不要」這句話免疫，不然有時聽孩子喊整天實在很煩躁，另外也要檢討是不是也太常對孩子說「不要、不可以、不能」，或許可以改變一個說法或是讓他有選擇的權利，間接也可以改善這樣的情況喔！

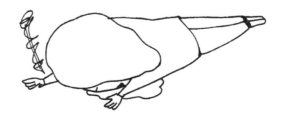

堅持，不用手機平板顧小孩！

屁寶大約六個月左右的時候，只要聽到手機上叮叮咚咚的卡通響起，這小子就會立刻安靜坐好，我則可以休息或是專心做我的事情，那段時間非常依賴手機、平板上的卡通讓我喘口氣，但是心裡總覺得：**用 3C 顧小孩這樣好嗎？**

有一次在親子餐廳吃飯，我看到比屁寶大一點的孩子尖叫吵著要看平板上的卡通，明明親子餐廳有大把的玩具設施還有許多同齡玩伴，這孩子一點興趣都沒有，只想沉浸在 3C 的世界裡，那一幕有讓我立刻清醒，深覺不能再用卡通來換取我片刻的安寧。

從那天起，屁寶哭鬧我就試著去找出原因、想辦法，好在屁寶當時還沒有養成非看卡通不可的個性，所以沒有手機看他也沒有特別的脾氣反應。

不能一直
看手機!!

誰說你可以玩手機的？

叮
咚

慢慢摸索出與屁寶的生活方式後，有沒有訂閱任何卡通或是親子頻道對我來說都沒差，我其實也不太習慣片中人物如此熱情的說話方式，寧可把這些錢拿去買適合的玩具或童書，也不要讓他在螢幕上多留一秒中，因為你我都知道 3C 是很容易沉迷的產品，未來他可以自由選擇使用，現在我只希望他能多看、多接觸、多感受螢幕外的世界。

我也不否認透過 3C 產品學習真的非常快，可以輕易背出 1〜10、童謠，認得顏色，對路上的交通工具更是如數家珍，但我覺得這樣的學習方式很像在洗腦，我不確定孩子的腦袋到底有沒有思考，當影片中告訴你這是紅色、房子就是長這樣，孩子接收到訊息後都沒有疑問或是其他想法嗎？

沒有卡通可看的屁寶非常熱中於閱讀和某些種類的玩具上，在唸繪本的過程中我也不會把故事說死，反而會用問句的方式反問屁寶：「蝴蝶說這是紅色對嗎？回來問爸爸看看。」讓他自己思考、去發問答案到底是什麼？隨著越來越會表達，很多時候發現他從書本或是玩具上蹦出許多意想不到的創意，他會說毛毛蟲在穿外套（蛹）、他會仔細看著草叢裡發現生物、懂得拿玩具車開在繪本的鐵道上或是幫許多物品擬人化，這些都是我所樂見的。

媽媽手機不要！

我自己是網路重度使用者，每天待在家裡不時都會拿起手機看一下外面（網路）世界發生什麼，有時候看到忘我屁寶也會很大聲的說：「媽媽！手機不要！」我才驚覺做了壞榜樣，而趕緊把手機收好，也因為知道自己習慣沒事就看手機，所以不敢辦網路，擔心出門在外自己一低頭造成某些遺憾或差錯。

平常是由長輩、保母照顧孩子的話，我才會建議讓孩子接觸 3C，說真的，老人家絕對沒辦法負荷小屁孩充沛的精力，有教育意義的影片或是親子頻道有助於孩子穩定下來，長輩才能休息，而保母除非彼此理念相同，不然多數也都會提供類似產品給孩子觀看，但最起碼也不用一直跟著看奇怪的八點檔學一些奇怪的詞彙，只是要保持適當觀看距離和定時定量就是了。

來來來～
坐坐看電視！

窮養兒，富養女是哪招？

第一次聽到「窮養兒、富養女」這段話覺得很有趣，實際去了解含義才知道有兩種說法：

第一種：窮代表讓兒子吃苦，培養負責堅強的個性；富代表疼女兒，才不會輕易被追走。

第二種：窮是不希望讓兒子過於嬌生慣養，富則是讓女兒培養藝術審美氣息。

其實我覺得這兩種都說不過去，不管窮養富養，每一個孩子不分男女都要學習為自己負責，明白要什麼、如何往目標前進，要養成這些習慣父母都有很大的責任和義務，不是生下來就好以後都是老師的問題。

哥哥快一點！
等等再去幫我拿餅乾。

喔……

滿常被朋友講說:「欸!你這個媽很沒良心耶〜兒子摔倒都不扶。」

我為什麼要扶?該講的該提醒的我都說了,我相信他聽得懂只看他願不願意做,我不想當個什麼都跟在兒子屁股收拾的黃臉媽媽,摔倒了!自己再站起來就好了嘛〜很難嗎?**我想,這就是窮養兒,希望他能為自己負責。**

屁寶很多時候都是撿恩典牌或是買二手,堪用就好不用最好,雖然貴的東西有它的價值、質感在,但由儉入奢容易、由奢入簡很難,很多時候會被欲望虛榮沖昏了頭,而忽略了真正的需求,加上我們只是一般小康家庭,上有父母下有貸款要負擔,多餘的閒錢都是盡可能的存下來,**今天如果是女兒我也會這樣做,感情的問題應該是給予正確的觀念而不是讓她吃好用好怕輕易被追走。**

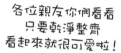

各位親友你倆看看
只要乾淨整齊
看起來就很可愛啦!

但是如果看到適合的繪本,評估過後負擔得起都會買給屁寶,喜歡看書這件事強求不來,所以我很珍惜屁寶願意共讀的機會;家裡到台北市立美術館也很方便,只要天氣允許,一定會帶他到美術館逛逛感受一下不一樣的藝術,**即使是男孩,也是要培養氣質不是嗎?**

育兒沒有絕對密技或經驗,每位孩子的個性天分都有所不同,父母能影響的力量之大,更不要有窮養兒,富養女的差別之分。

我家養了一隻「暗光鳥」

家有淺眠的孩子實在很辛苦，有時候都覺得自己很像養了一隻「暗光鳥」（貓頭鷹／夜貓子），剛生完沒幾個鐘頭就要喝奶，偏偏喝完半夜那場精神奕奕，好一陣子才調整跟大人一樣的作息。

原本以為這就是天堂的開始，殊不知總有許多原因可以中斷屁寶的睡眠，小感冒、太冷太熱、長牙、……等各種原因素似乎都是屁寶夜夜討奶的兇手，雖說是兇手其實也是我說服自己接受的理由。

大部分迷迷糊糊喝完奶都可以立即倒回去睡，有時候卻可以完全清醒開始唱歌或是要陪玩，不予理會就送上哽咽，裝沒聽到就進級到嚎啕大哭，好好的一個晚上全家不得安寧，早上見面都先量一下對方黑眼圈有多深，更奇怪的是，小子整晚玩耍到了白天依舊精神飽滿、電力十足，拖著洩了氣的老木跑跑跳跳。

現在已經練就摸黑泡牛奶的能力，面對睡眠不穩定的孩子老木只能認命，只希望這隻「小暗光鳥」可以好好睡、乖乖長大呀！

分離焦慮讓老木又愛又恨

一直以為屁寶不怕生，應該沒有分離焦慮的問題，沒想到……這一天還是來臨了！明明有玩具不玩，卻一直在老木身上磨蹭，走到哪黏到哪，跟不到就放聲大哭，原本以為是有哪裡不舒服還是想睡，幾天下來才發現……啊！這就是傳說中的分離焦慮。

蹋手蹋腳……

媽嘛～

沒有～沒有～媽媽在這裡呀！

常常好不容易哄睡，總算可以離開房間去扒個飯、蹺腳看電視，這小子卻好像感應到什麼立刻驚醒，一邊哭一邊爬到奇怪的地方（如：桌子下）要找我，吃到一半或是還沒整理好的事情只好又放下。（喔～我的雞腿便當！）

能這麼被孩子需要雖然很得意但也頗不方便啊！就拿上廁所來說好了，只要起身而已屁寶就開始哽咽，走沒幾步就開始哭，最後只好用玩躲貓貓的方式邊躲邊後退，好不容易坐上馬桶還要大喊：「媽咪在哪裡～喲～在這裡唷！」即使晚上爸爸回來依舊只要找我，洗個澡跟當兵戰鬥澡一樣脫抹沖擦穿。

不過，大約兩個禮拜左右自己也習慣了，人的適應力實在無限大，很快就能應付這樣的狀況，現在盯著我上大號也很自在了，當媽的生活就是隨遇而安，孩子健康就好。

孩子分離焦慮怎麼辦？

多注意孩子的舉動並給予立即反應，讓他知道「媽媽就在身邊～別擔心」，要離開的時候用堅定的語氣告訴孩子：「媽媽拿個東西，等下就回來，你放心！」回來的時候可以說：「你看～媽媽回來啦！我沒有騙你。」讓孩子感受到安全感。
除此之外平時也可以多交由親人協助照顧，不要讓孩子只依賴某一人（如媽媽），當面對分離焦慮時期的孩子也比較快能適應喔！

屁寶陪媽咪嗯嗯！

新手媽媽不是生完就會，也需要關心和體諒。

對於新手媽媽來說，每一天、每一時期都是新的體驗，我要準備滿滿的耐心和愛來面對屁寶，相對的，我也需要周圍親友的關心和體諒，不是孩子生出來後就知道怎麼當媽，書讀的再好、工作職位再高，不代表你就是好媽媽，每個前輩的經驗談，怎麼談都是他們的，遇過一次自己才學的會。

再和屁寶磨合期間，常搞不懂他到底在哭鬧、氣什麼，一直處於孩子哭聲的狀態實在很容易抓狂，真的大聲吼回去後又會因失控而自責，這樣無力的狀況當時唯一想到的就是：打電話回娘家哭訴。

爸爸!!
我受不了了！
一直哭我要瘋了！！！

哇啊啊啊～
哇啊啊啊～

才哭就受不了，
要有耐心啊！
當父母本來就不容易，
怎麼可以這樣呢？

**可惡!!
說什麼教啊!!**

向屁寶的外公抱怨孫子根本就是自討苦吃，經過這麼多人生歷練的爸爸，聽到女兒因為搞不定孫子大哭而啞然失笑，沒有安慰我這身心疲憊的媽媽，反到是講起人生大道理來了。說真的，這些道理我會不懂嗎？不過就是很需要一個認同的聲音和站在你立場的支持嘛～原本要討拍拍的我又更沮喪掛下電話了。

**老公～
你回來了!!**

孩子出生後，大家的重心全在寶寶身上，監督媽媽有沒有給他穿暖、吃飽、全心全意伺候這偉大的小生命，都忘了媽媽也是在新的崗位上學習，其實我們要的很簡單，不過就是一個懂我的肩膀嘛。

你這麼熱情
我很不習慣哪⋯⋯

我們學做父母，孩子學做人。

「我們學做父母，孩子學做人。」這句話是一位長輩跟我説的，因為覺得非常有啟發性也很受用，時時刻刻都一直記在心上，遇到有育兒問題、煩惱的朋友，我也會告訴對方這句話。

有時候我會忘了他只有一歲、不到兩歲，忽略他還是個懵懂的孩子，卻要求他聽得懂大人的話、明白媽媽的意思，才幾歲的小朋友哪懂呢？即使懂也不見得能照做，很容易被其他事情影響分心或是不明白該怎麼做，這時候我就會生氣：「你怎麼不聽話！不是跟你説不能碰了嗎？不能等一下嗎？」

你怎麼這麼壞!?
講都講不聽！

有天在家又上演了媽媽失控的戲碼，這次屁寶沒有直接放聲大哭，反而低著頭很落寞的走出房間，我跟過去一看，他竟然走進遊戲房小聲的哽咽著。

對不起!!
媽媽太兇了
我會改進。

這一幕像是一巴掌重重賞過來,羞愧感提醒著自己:「你有沒有搞錯!他才兩歲耶!不能好好講嗎?」立刻往前抱起屁寶,被媽媽抱住後他才放聲大哭(怎麼那麼像偶像劇啊!),輕輕安撫他後很認真的跟他道歉:「剛剛是媽媽錯了,媽媽太兇,我會改進。」

最愛媽咪了!

屁寶似懂非懂的笑了,他一直是個樂天的孩子,我則是一位需要再努力的媽媽,很多時候是孩子成就了我當媽媽的角色,而屁寶則是因為媽媽一時的情緒而學習成長,我們學做父母,孩子學做人,兩者相輔相成缺一不可。

配方奶也可以養大孩子，別把它妖魔化！

爭氣點啊！

現今社會多麼提倡母乳好處實在不用贅述，政府極力宣導也似乎讓配方奶過於妖魔化，不管是乳量多寡或親人間的支持與否，母乳這檔事都讓媽媽們頗受壓力，這現象更演變成一種炫耀虛榮的表現；沒餵母乳好像不夠努力很不應該、孩子會不健康，有餵的彷彿是全世界最棒的媽媽，孩子以後會好棒棒賺大錢。

生完屁寶沒幾天就接到詢問有沒有餵母乳的親切來電。

（奇怪？我有奶沒奶都不會讓我孩子餓著啊！）

「目前還沒脹奶的感覺，我會努力。」我說。

「嗯嗯嗯～好的媽媽，你一定要努力喔～母奶真的很棒很營養對寶寶很好喔！」

高八度的聲音。

「痴⋯⋯我知道我會努力。」很想趕快掛電話。

當時是等級最菜的新手媽媽，盯著自己的平胸喊著：「平常待你們不薄，少爺現在需要你們，快給我開工！」

老公我擠不出來
你幫幫我!!!

呵
好耶好耶……
我來幫你!
呵

真正感受到脹奶的痛時才覺得生產之苦不算什麼，痛成這樣還是要咬牙擠奶，甚至請專業人士來按，不斷翻書問人爬文想找出適合的方法，生小孩都沒有哭，擠奶到是擠到痛哭流涕，在身心俱疲的情況下，又接到了熱心的親切來電，當得知你母奶不夠，著重在配方奶的時候，電話那一端感覺有責備的意味。

我快瘋了!
你還在開玩笑?!

我……還是會幫忙啊!

掛完電話後覺得實在自己沒資格當媽媽，奶水不夠怎麼養小孩，拚命的拿擠奶器擠、不斷補充湯湯水水之外還搭配黑麥汁、卵磷脂，必要時屁爸幫忙「動手」一下，但看著奶水還是不爭氣的用滴的，忍不住自責大哭。

屁爸看著因擠不出母奶很崩潰的我說：「沒必要把自己逼到這樣，配方奶有不好嗎？我們都是喝配方奶長大，現在有比較笨、比較不健康嗎？為了母奶把自己搞成這樣對孩子有好處？」

聽著屁爸訓話，自己才開始中立的判斷母奶和配方奶的好與壞，當母牛的過程中，不時也會接到配方奶（奶粉廠商）人員得來電，告訴你配方奶比母奶多了什麼營養？可以讓寶寶更怎樣怎樣？建議相互搭配或是改為全配方奶也可以⋯⋯等訊息，這也讓新手媽媽頗為矛盾，到底該怎麼選擇才是對孩子好？

很多事情沒有絕對，母奶、配方奶也各有優缺點和擁護者，但不要忽略了媽媽們的感受，我們不會讓孩子餓著，但為什麼要讓一個媽媽因餵母奶而憔悴？（生完小孩能憔悴的事情夠多了），如果堅持母奶讓你感到快樂、滿足就努力，擠到壓力過大精神緊繃就量力而為，有開心的媽媽才有和樂的家庭，不是嗎？

發奶食物

花生豬腳　　魚湯　　雞湯／滴雞精

黑麥汁　　芝麻醬　　卵磷脂

退奶食物

人參　　韭菜　　小麥

媽媽最不缺的就是勇氣

一直都沒想過我會嫁來基隆落地生根，和屁寶一起認識這陌生的城市，天氣好就會帶著屁寶到處跑，從背著、推著到牽著，只要是母子倆到的了的地方都會走走晃晃，一開始因為迷路鬧了幾次驚魂記，但漸漸就有在地媽媽的感覺（笑）。

呵！是走這邊嗎？

還是這邊？

車來了
去臺北找阿嬤囉！

基隆
9006
9026
1815

來來來

基隆雖然離台北不遠，但是也有一段距離和交通花費，有時會就近選擇基隆附近景點玩耍，不管是一手扛推車、另一手抱屁寶上公車，或是牽著他穿過人擠人的菜市場都難不倒我，常常會因為發現新鮮菜車、漁貨、隱藏版美味小吃或是幾點可以獨占溜滑梯而感到興奮，算是異鄉探險的小確幸吧！

但偶爾也會因為沒地方可去，或是一直下雨無法出門而感到沮喪，難免會鑽牛角尖：「如果我在台北了話，我就可以回娘家、去找阿嬤、接朋友吃晚餐、陪屁寶爸下班，在這裡連個能臨時約出來見面的朋友都沒有，現在去台北太晚回家又怕被念。」越想越覺得心酸（主題曲默默響起）。

女人因為一句「我願意」離開原生家庭嫁到他人屋簷下需要多大的勇氣，更別說遠走他鄉的媽媽們，熟悉的生活模式不在，面對新環境的緊張和不適應也不敢隨便表現出來，有了孩子則是因為養育問題而有磨擦，想娘家的時候真的無法說回去就回去，有時只能靠電話或是網路傳遞思念，把遇到的委屈或辛酸往肚子裡吞，不過「為母則強」這句話不是說假的，因為身為母親會逼得自己再堅強、更勇敢，也要告訴事情過了就算了，凡事不要過於執著，學習正面看待每一件事情。

為人妻嬌滴滴，變身人母大力士！

當人妻的時候只有在購物的時候才會變成大力士，再重再沉都難不倒老娘我扛回家（有計程車嘛～）但是總不能常表現出力大無窮的樣子，也要給老公一些表現和磨練的機會，所以基本上提重扛貨都是老公再負責。

北鼻～
好重拿不動～

騙肖仔～
我去牽車。

生了屁寶後從上班族變全職媽媽，全職媽媽＝老公不在家，一切靠自己。

我們家離賣場只有一站公車站的距離，但因為是上坡，背著屁寶往上爬非常累，屁爸說：「那就不要背用推的嘛～」往上推我還可以，但是買完要下坡的時候我會怕（一沒抓緊車就溜到山下多恐怖啊！），所以即使只有一站我也寧可搭公車，每每上車司機都一臉疑惑。

「小姐……下一站就總站啊你是要去哪？」

「我要去賣場啊！」

「才一站你是不會用走的喔?! 現在年輕人很弱耶～」

「你……你……是沒看到我身上背一個小孩嗎？起碼也有十公斤耶～」

由於實在被不同司機講過太多次了，不想再搭公車受氣，寧可背著屁寶一步一步往上爬，印象最深刻就是一手抓著推車，一手勾著兩大袋民生用品，胸前背著屁寶離開賣場慢慢往下走，回到家透過電梯鏡子看著汗流浹背的自己，忍不住想問：這邋遢的黃臉婆是誰啊?! 當年那個嬌滴滴的小姐去哪了，把我優雅的青春還給我！（摔滑鼠）

不用管我
我可以 !!
我可以……

老婆……

……

Second Part

兩代

當媽第一招：左耳進右耳出

每次和媽媽們聊天，總會感受彼此因生活壓力而心浮氣躁，不要以為當媽就是負責把孩子照顧好就好（這麼簡單就好了），會這麼煩躁很大一部分的原因在於：**很多人喜歡用嘴幫你帶小孩。**

從一出生包巾該怎麼包、要不要包、能不能帶孩子外出，到孩子慢慢學爬、吃副食品、牙牙學語，都有許多聲音告訴你、要求你：「照我這樣說的才對，你不要不聽勸。」再囉嗦一點的就會搬出左鄰右舍：「隔壁的弟弟的表姊的老二就是聽我的話，人家現在長多高、多聰明啊！」

說實在，新手媽媽的確很多事情都不懂，有前輩、長輩的指點幫忙可以讓我們少走許多冤枉路，但時代的差異讓我們也有自己的想法，面對新的觀念也想要去執行嘗試，而每個孩子都是獨一無二，不可能照著同一種模式就能顧好每位孩子（那……當媽媽也太輕鬆了），更別說長輩不只一位的情況下，大家各說各的，到底媽媽要怎麼去採納執行？

每每聊到這，一群媽媽們總有吐不完的苦水，我們只能互相打氣安撫說：「別放在心上，左耳進、右耳出吧！」
對於長輩的意見我們給予尊重，但也請尊重媽媽帶孩子的方式，沒有什麼事情是絕對，更不可能有百分百正確的育兒方式。

有一種冷叫：長輩覺得冷；
有一種熱叫：長輩感受不到的熱！

對於該怎麼幫孩子穿衣服，應該是每個媽媽很頭痛的事情，看似雞毛蒜皮的小事，有時卻也可以吵到天翻地覆，不是不知道怎麼穿，而是總有長輩跳出來叫你：「這樣不夠、會感冒啦！」要求你再幫孩子加件外套，但……真的沒有那麼冷啊！（擦汗）

哎呀！外面冷，
再穿一件毛衣比較好。

不用穿到毛衣啦！
帶薄外套就可以了

算了……
兩件我都帶著。

謝謝你喔！

舉艾莉家的例子來說吧！每天晚上的例行公事就是帶著屁寶讓長輩含飴弄孫，一天下來最少會遇見三位婆媽，最高紀錄可以遇見七位。出門前該怎麼幫屁寶穿衣服常常讓我很頭痛。

穿少會被念、穿多我又擔心他熱到出疹子或是流
汗吹風感冒，常常為了要不要再加件外套舉棋不
定，但是不管我怎麼穿我都還是會被唸。
「這麼冷，怎麼穿那麼少啦！」
（可是我只穿一件薄長袖耶！）
「這件褲子太薄……」（發熱褲啊）
「怎麼不穿我上次買的那件高領？」
（穿上都可以直接去銀行搶劫了！）

外面風大
所以兩件都穿了。

X的！！！自己穿短袖！
要孩子包成這樣？！
熱到流汗吹到風
一樣感冒！！

有時候受夠一直被唸，講的好像我就是
不給屁寶穿暖要讓他感冒，照著指示穿
上高領、搭上毛背心、大外套，一踏進
婆媽家聽到第一句話：「有冷到要包成
這樣嗎……？」啊？有夠衰，今天遇到
的是怕熱的那位。

對於孩子的穿衣哲學，總是見招拆招，
很多時候為了避免不必要的爭吵，自己
會選擇睜隻眼閉隻眼，等待適當的時間
反應或是請先生出面，比自己對長輩反
駁還來得有用喔！

為什麼新生兒四個月內不能出門呢？

對於新生兒的規定或觀念常常都讓我匪夷所思，其中最讓我不能接受：**孩子出生四個月內不能出門。**

以科學的角度認為這時期的孩子抵抗力較弱，出門容易感冒或有不適應的情形；而傳統的想法則是認為太小出門會被煞到、會難帶（還聽過因為寶寶太可愛，出門會被老天爺帶走），不管用那種角度去規定我都會給予尊重，畢竟屁寶是大家盼好久的第一個孫子（曾孫），但實在不能太過偏頗讓好意變成壓力。

太可愛了
我抱走了啊呀～

嫁到基隆，先生整個家族也都住在基隆，想要看屁寶只要搭個電梯或公車就到了，但是娘家在台北，雖然不遠但是沒有車讓一趟路變得麻煩，但……他們也是第一次當阿公、阿嬤、阿祖，難道他們就不用看孩子嗎？沒有要去公共場所，我們也可以早早回來，但是長輩一句話：「沒四個月不能出門，要回去你們回去，囝仔我幫你顧。」就推翻了媽媽的建議。

孩子小在家才安全！
我幫你顧，
你放心回娘家。

好幾次因為這個規定跟屁爸大哭大吵：「是怎樣！你們照三餐看得心滿意足，我家就只能看視訊是不是？那如果下一胎在娘家坐月子也可以四個月不回基隆嗎？」

打電話回去給娘家爸爸，爸爸總是笑笑說：「沒關係啦～又不差這幾個月，沒什麼好生氣的。」爸爸的不勉強聽在心裡反而更心酸。

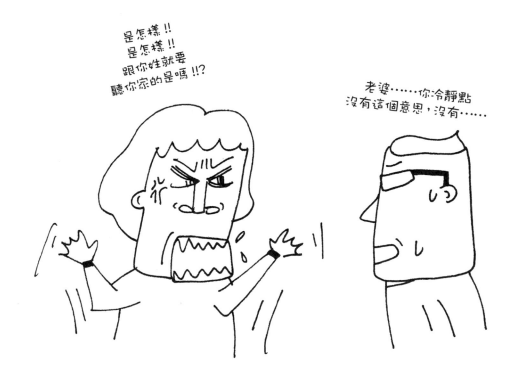

快滿四個月的時候，不想再理會能不能出門的規定，一大早就抱著屁寶回娘家，傍晚又忐忑不安的回基隆，不想讓屁爸夾在中間難做人，主動和長輩陪笑臉：「啊～挖阿嬤咩尬哩共『斗蝦』尬『歹勢』啦！有看到囝仔孫伊就歡喜唉～」（我阿嬤要跟你說謝謝還有歹勢啦！能看到曾孫她好開心！），邊說邊覺得好委屈，明明我就是孩子的媽，為什麼連孩子能不能出門都不能做主，等我哪天熬成長輩一定要以同理心支持晚輩的觀念或作法。

阻止長輩餵食，是一場無限抗戰的日子啊！

我相信關於「長輩很愛餵食」這件事應該惹惱過眾多媽媽們（爸爸都比較狀況外），我目前唯一的做法就是：柔性勸導、臭臉警告、眼不見為淨這三種。

最近屁寶非常「假仙」，一到婆媽家門口就會緊抓我的手說：「媽媽一起進去，媽媽坐。」如果我不要他就會賴著要跟我回家，婆媽們就會拿出餅乾、巧克力、冰淇淋來哄，導致現在婆媽一看到屁寶就說：「有糖果喔～有巧克力喔～」

我實在不喜歡用零食騙小孩，屁寶也養成討零食的習慣，但是你能要求七八十歲的老人家怎麼做？也只能拿零食不然就是坐坐看電視這兩招，總不能要他們跟屁寶玩鬼抓人或紅綠燈吧！
（隔天可能會全部掛號腰閃到！）

所以我通常都只能耐著性子說：「不要一直餵、不要吃太多，吃水果也可以。」然後離開眼不見為淨，不然我一定會惱怒發飆，有些媽媽會說：「就是這樣我才不帶小孩回去、就是這樣我才不給他們顧。」屁寶雖然是我生的，但並不屬於我，我不能阻止他和其他家人相處的權利，只要不是嚴重行為（暴力、酗酒、吸毒等），我都還是會讓屁寶陪伴他們。

亂餵食的情形讓我不滿也很無力，只要看到長輩又拿出糖果餅乾，我就會對屁寶說：「要吃你吃，媽媽要回家！」接著起身打算離開，屁寶有時會立刻丟下婆媽要跟我回家，婆媽也會知道不要再餵趕緊把零食收起來，或是禮貌性問一下能不能餵，有時屁寶也會不理我硬要吃零食，我則是回到家後讓情緒平復一下，告訴自己沒那麼嚴重……沒那麼嚴重（重複 N 遍），餵零食大作戰，看來比國父革命還要困難哪～

與其一直問，不如就相信媽媽吧！

有一次去親戚家拜訪長輩，他幾乎是看著我和屁寶長大，那天他一把抱起屁寶劈頭就說：「這位媽媽，你會不會太誇張！怎麼那麼瘦?!」

接著就開始問：
「都餵他吃什麼？」
「為什麼還再吃泥」
「要讓他學習咬啊？他會咬嗎？」
「到底有沒有餵飽啊～」

不斷一直被懷疑詢問到底是怎麼顧小孩的，實在無法壓抑為什麼開心見面，卻要像犯人般的被質問，忍不住當場大哭了起來！

只要有跟屁寶相處過的人都知道他是胃口非常好的孩子，非常貪吃、愛吃、能吃，很多時候不是煩惱吃不飽，而是擔心胃會不適，如果他這麼愛吃還是瘦，那我真的也沒有辦法。

再來，他有瘦到不成人樣嗎？（沒有！）他精神有不好嗎？（活潑的要死！）常感冒嗎？（不常）那，到底要質問、責怪我什麼呢？

當下問的長輩可能沒有聯想到這些問題，只覺得他應該要再胖一點、重一點。殊不知這對媽媽是很大的傷害，因為我真的很努力在照顧他，即使我努力解釋一切都在曲線內，但我沒當好媽媽這件事好像已經是事實了。

喂～老公啊！！
你兒子已經吃第二碗
會不會太撐啊……

如果是不熟親戚或是路上的甲乙丙囉嗦就算了，反正也不是我在乎的人，但是面對自己深愛、尊重的親戚，我更需要支持及肯定，因為我相信你們了解我、也懂屁寶，知道我們的生活模式。

大家不是都知道每個孩子都不一樣嗎？每位父母都有自己一套育兒經，不能覺得是自己人就可以這樣質問，其實對媽媽傷害是更加倍的，希望能尊重每個媽媽的照顧方式，因為我們也很尊重你，不是嗎？!

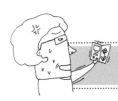

媳婦等於業務，長輩就是你的 A 級客戶！

來來～喝熱茶！
辛苦了～辛苦了！

今天是怎麼了
頭被撞到嗎？

朋友對我說過一句話：「跟長輩相處，就是把他們當客戶，你怎麼對待 A 級客戶就怎麼對待長輩。」

我不是個嘴甜的晚輩，從小到大常常因為說話太直、不留情面而惹得長輩不高興，即使嫁作人妻也會因為堅持要講清楚、說明白而讓屁爸為難，所以當我聽到這句話立刻有被點醒的感覺。

噓寒問暖超簡單

面對客戶噓寒問暖平常都要做，不能有事才裝熟（這樣也太現實），對我來說要嘴甜或是巴結長輩其實有點難度，但基本的關心倒是難不倒我（而且這也是晚輩該做的），有時候看氣象有寒流就提醒長輩要多加件外套，突然下起雨可以關心一下外出的長輩需不需要接送，簡單幾句話溫暖無限大啊！

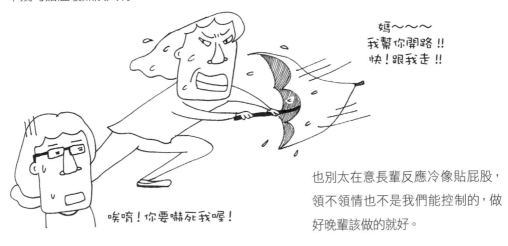

媽～～～
我幫你開路！！
快！跟我走！！

唉唷！你要嚇死我喔！

也別太在意長輩反應冷像貼屁股，領不領情也不是我們能控制的，做好晚輩該做的就好。

無法嘴甜起碼要用心聽

無法做到嘴巴甜或是噓寒問暖，倒是可以當長輩在分享經驗談時以聆聽當陪伴（碎唸除外），只要年輕人願意聽，他們都會很樂意分享一些當年意難忘或是生活上的小撇步，有些故事真的很有趣可以請長輩多說一點，生活上許多「咩咩尬尬」也只有老一輩才懂，適時給予鼓勵或讚賞，不只說的人成就感、聽的人也有所收穫。

心坎小禮情義重

每年的三節都要對重要客戶或廠商表達感謝之意，相對的長輩也一樣，長輩生日、過年、母親節等，我和屁爸都會包個紅包給長輩，如果剛好知道長輩有想要的東西或需求（很想吃某間餐廳、想換手機……等），能力範圍內都會給他當作驚喜，讓他們知道日子雖然忙，但我們都有把他們放在心上。

保持微笑面對各種問題

以往的工作經驗，越大的客戶越難搞，要求、意見又多又雜，到了截止時間還臨時喊卡說要再調整，常常被逼得狗急跳牆，以前都是非常火爆的罵回去，讓場面尷尬之外對事情也沒有幫助，慢慢的才學會以和為貴。

面對家中長輩最常出現的問題幾乎都圍繞在孩子身上，穿太少、買這個不好、這樣做不對，一人一句媽媽都快瘋了，很多時候要表達自己的心聲或態度不能那麼直接，但太婉轉又怕他們無法明白，漸漸練就笑面虎的功夫，面帶微笑的把話講清楚，或許有時會不太得體或好聽，但因為笑笑的講感覺也沒那麼尖銳了。

我自己是個很沒耐心的人，除了要忙屁寶還要應付婆媽們各種狀況，常讓我忍不住臭臉或頂撞回去，每次回嘴都覺得很痛快好像替自己出了一口氣，但伴隨而來的是滿滿的不安和愧疚感，其實很不好受，事後也是要為自己的行為道歉，與其三天兩頭上演這種戲碼，不如試著用同理心來面對，很多事情如果沒有那麼嚴重我都是盡量給予尊重或是睜隻眼閉隻眼，慢慢的長輩也會配合你的想法試著去改變喔！

長輩沒有義務要幫我帶孩子

哎呀～不用擔心……
你婆婆會幫你養孫子啦！

媽辛苦了大半輩子
為什麼還要養孫子？

每每被問到：「有沒有要生二胎啊？不用擔心，你婆婆會幫你顧啦！」我都會很直接的回說：「婆婆辛苦了大半輩子，為什麼還要幫我顧小孩、養孫子？」

我一直認為自己的孩子自己顧、自己的債自己還，撇開照顧孩子的方式有落差，老人家願意幫忙照顧屁寶一會，讓我得以休息或忙工作，實在打從心裡感謝，畢竟長輩也是辛苦拉拔孩子長大，很多時候都捨不得讓自己過好日子。好不容易孩子大了可以享清福，我反而希望他們能常遊山玩水、學學新事物，享受年輕時沒達成的遺憾或願望。

或許有些人會說：「我公婆一直叫我生……我只好生啊！」、「老人家自己說生了他會帶。」女人不是生孩子的機器，插了電投了錢就有小寶寶誕生，決定「努力做人」前一定要和先生達成共識，覺得彼此準備好當爸媽、可以迎接新生命了，才能進一步走向懷孕計畫，畢竟我們都是成年人，有權力和自主想法決定要不要生、能不能生，因為老人家的一句話或是諾言而答應實在不夠成熟，也很容易因彼此認知有差異而鬧得不愉快。

媽說今天「做人」可以懷兒子，所以來試試看吧！記得找零。

就說我會幫你顧，還不快生個孫子讓我玩！

這……喔好……

再者，因為長輩允諾「生了我就幫你帶」而決定懷孕，那……如果途中長輩過世或受傷生病無法幫忙帶孩子，是要把孩子拿掉或塞回肚子裡嗎？

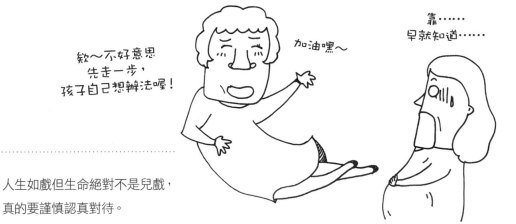

欸～不好意思先走一步，孩子自己想辦法喔！

加油嘿～

靠……早就知道……

人生如戲但生命絕對不是兒戲，真的要謹慎認真對待。

老公！此時有聲勝無聲啊！

因為一句「我願意」離開原生家庭，進到先生的生活圈開始，我們就學著在忍耐，說忍耐或許不太好聽，那就說「學習適應」吧！學習適應先生這邊的食衣住行、大小節日的繁文縟節，等到有了孩子更是一次次突破當媽的適應極限。

很多時候因為身分敏感（是媳婦、是晚輩），面對婆家長輩很難好好用自己的方式表達，更別說要用台語解釋，幾乎第一句就卡關了，所以都需要請先生作為中間的溝通橋樑，而先生的態度有分為幾種：

不准欺負我老婆！！！

我……只是請她……幫我貼藥膏啊！

①永遠站在老婆這邊，絕對跳出來幫忙！

不敢說這樣做是對的，畢竟要看長輩的個性來應對，但起碼力挺老婆這點就覺得嫁得值得。

②覺得很煩，你們自己去喬好嗎？

再怎麼煩也是你家人、你娶的老婆，不要一副事不關己的樣子，有先生的協調有時才得以迎刃而解。

③清楚長輩的個性，選擇另外的方式溝通。

高招！能抓的住每位長輩的性格加以對付喔不是應對，大家都下的了台又能達成目的（鼓掌）。

④跟長輩同一陣線才孝順，老婆就是不對。

孝順跟愚孝還是要區分一下，不分青紅皂白就指責老婆的人，你……實在沒資格當人老公啊！

我媽媽說：
「生兒子是女人的本份」

我媽媽說：
「錢她來管比較安心，
不能給老婆管！」

我媽媽說……

你媽剛剛打來
叫你去喝馬桶水啊！

只要媽媽們聊到這話題就有一堆苦水要吐，因為普遍老公都不願加入戰場：「要吵你們去吵我上班很累了」，不然就是「忤逆父母不孝順」，這樣的想法實在要不得，畢竟你娶進門就有義務、責任和她攜手面對任何大小事，這態度只會讓嫁給你的女人感到很孤單，畢竟在婆家你是唯一能讓老婆依靠的人，溝通橋梁不代表就是要和自己的爸媽起爭執，而是利用你的身分和知悉父母個性，去思考兩全其美的解決方式，噢！很難嗎？婚姻本來就不是容易的事情哪！

預設立場惹的禍

我發現女人都有一個盲點，只要先生說要回長輩家吃飯、住個幾天或是婆媽們要來看寶寶時，心情就會立刻盪到谷底，情緒一糟就想找老公吵架，吵完下一步就是和姊妹淘抱怨：「吼～很煩耶！又要回去了 blah ～ blah ～ blah……」

其實造成我們心情煩躁的原因很簡單，因為自己先預設、假想回去會發生什麼事、聽到什麼話，所以開始一直想、一直鑽讓自己越來越不開心。不管回去會面對到什麼，我們有必要先讓自己不開心嗎？事情都還沒發生耶！

那些婆媽以前都怎樣對我、對我說過什麼難聽的話，這些統統不要想，只有你一個人在回想往事而生氣，遠處的婆媽可是開心的在聊天呢！等事情發生了我們再來氣也可以嘛～

我覺得此刻最好的方法就是：

試著平復波濤洶湧的情緒和老公坐下來好好談，不是談可不可以不要回去喔！（別傻了～老公也是別人的兒子。）或是和老公分享之前回去遇到那些事、聽到什麼話，讓你很不高興、難過，某些長輩的舉動可能對孩子不好，希望能由幫忙一起注意，適當的時候出面嗆聲（咳……勸導啦！）。

當然，也有可能遇到不想蹚渾水的老公覺得我們女人很囉唆，我只能說妳嫁錯人了（沒有啦！開玩笑的啾咪），如果你和先生的兄弟姊妹感情不錯，確定是站在你這邊的（要確定喔！），也可以私下聊聊請他們協助，像我有時會拜託小叔如果聽到長輩在碎念某些事，請他跳出來幫我說話、解釋。這絕對比我用破台語大吼來的有效 100 倍。

長輩有百百種，有些可以由兒子當面阻止，有些可能要私下再找機會談，要記住，長輩和客戶、老闆都是一個樣，他們也是人，一定會犯錯、做錯事，只是剛好都不喜歡承認有錯（不要說是我說的），找到適當的時機給臺階下，減少讓大家產生磨擦的場面，是希望大家互退一步和平相處，而不是吵到以為自己勝利其實輸的徹底。

功德無量～

功德無量～

功德無量～

回到一開始的話題，不要一聽到回婆家臉就垮下來，簡單一句就是：

「活在當下」而不是活在回憶。

試著把心情整理好，想辦法解決而不是鑽牛角尖，畢竟他們都是要相處一輩子的家人，很多時候是我們要學習面對的功課和考題，也是給孩子看的榜樣。

當媽最討厭遇到的十種長輩

育兒生活中實在遇過、聽過太多讓媽咪們翻白眼的各式長輩，有些的確讓人不悅、反感，有的想想其實也很可愛，只能説「媽咪」這個角色要盡量放寬心情，自己會開心很多，現在，就來跟著艾莉看看哪十種長輩入圍最顧人怨，看一看、笑一笑又是新的一天開始。

你不乖!!

出去出去!

不要你了!

①愛得要死又要罵

簡言之就是:「狗嘴吐不出象牙。」明明就很愛孩子，但總愛對孩子講出很難聽的話，一看到屁寶就粗聲大喊走開、滾，過沒一會又抱起來親，不用説孩子，大人看了都很矛盾，到底有做錯事?! 還是長輩在開玩笑?!

還不會語言表達時，遇到這樣的情況我都會笑笑的説:「喔～好啊!掰掰!」接著就真的把屁寶帶走，讓長輩知道我其實很不喜歡這樣的玩耍方式。

啊从?

氣什麼?

沒事沒事
不用理我們，
只是想看寶寶。

②就想一直看著他

自己的孩子、孫子一定是最可愛，想要看他、陪伴他的心情我可以了解，但是無時無刻都想盯著他真的讓媽媽們吃不消，想當初一群人盯著網路攝影機看屁寶，一有動靜就打給屁爸：「包巾鬆了、在哭了、棉被蓋太高……」三不五時按電鈴想看一下寶寶，讓媽媽我精神緊繃不敢放鬆。

可……
可是我在餵奶……

最後索性把攝影機拔掉，電話鈴聲調到最小，門口也不定時會放一張「休息中勿按鈴」的字條，讓長輩瞭解我和屁寶的生活作息，慢慢就會有一套彼此都可以接受的模式了。

③你知道你在說什麼嗎 ?!

我覺得這類的長輩實在很可愛，會一直對媽媽們說該怎麼做、當年如何如何，但是換成自己照顧卻和當初說的矛盾，但又像個糾察隊盯著新手爸媽的一舉一動。

當長輩又再耳提面命時，可以用比較搞笑、頑皮的方式吐槽回去，或是端出其他長輩的意見讓他們去爭論，自己還是依自己習慣的方式照顧孩子就好。

④怎麼比我還慌 ?!

新手爸媽已經夠緊張了，寶寶的一舉一動都急著想解讀，遇到比我們還緊張的長輩實在很「醋咪」，雖然常跟著一起手忙腳亂甚至幫倒忙，但也代表真的很在乎孩子啦！（笑）通常都是一開始接觸新生兒或是不常和孩子相處，時間久了、多試幾次就會老神在在啦！

⑤政府派來的吼！

交往問何時結婚、結婚問何時生、生了問第二胎，表明暫時沒有第二胎的打算，驚訝、不可置信的態度不禁讓人想問：「你有要幫忙養嗎？!沒有要幫忙那麼多意見有事嗎？」

每個家庭都有自己的規畫，不是一句！「安啦！孩子會帶財」、「兩個才有伴」就可以解決我們的擔心，除非你真的要幫忙養，我到是心甘情願啦！

遇到如此熱情的長輩，會先笑笑表達自己目前的規畫，如果還是自顧自的表達看法就會裝沒聽到或是轉移話題：「你女兒嫁人了沒啊？啊怎麼都沒消息啊？」

⑥男生是值得少錢？

即使已經是 21 世紀，「男孩女孩都是寶」的觀念也一直在宣導，身邊仍舊有不少朋友深受「傳宗接代之苦」，每每聽到朋友訴苦忍不住都會一把火上來，生男生女本來就無法控制，即使做試管嬰兒政策也規定不能選擇性別，更別說現在普遍都晚婚，有生就要偷笑了竟然還指定要「帶把的」，如此迂腐的思想依舊百思不得其解，與其為了自私的觀念或是給祖宗交代，倒不如好好教育孩子孫子、規畫好自己的晚年，才不用擔心要靠別人顧終老。

當初……
可是看你屁股大
應該會生男生
才讓你進門的。

我以為是看上
我的美貌和氣質……

這樣的壓力即使我是旁人也會覺得喘不過氣，夫妻倆溝通好並達成共識，看是那一方給予壓力就各自去調解，別人只能給予意見，但無法左右你的決定，男孩女孩都是寶、一樣好，很多時候我覺得生女生，更好。

⑦你去旁邊看電視就好

這類的特質的長輩通常非常熱心，越熱心越幫倒忙，常常讓媽媽們哭笑不得，只要無關寶寶安全，對於這類的長輩保持耐心微笑以對就好。

⑧趕快照照鏡子

孩子是天生的觀察家，大人一切行為舉止都會被孩子模仿，大至說話方式、口頭禪，小至不經意的習慣動作，孩子看個一兩次很快就會學起來，學到好的沒話說，學到壞的真的很頭痛，為了孩子好，還是要多多互相提醒。

⑨孩子不屬於誰，可以不要搶嗎？

長輩這個心態讓我覺得很疑惑，跟媽媽搶小孩是為了什麼？明明孩子哭鬧要找媽媽，卻緊抱在懷不肯放手：「秀秀～媽媽在忙，阿嬤（公／祖）秀就好了……」或是媽媽走到哪就故意把孩子帶離到哪，感覺就是把八點檔搬到生活實境秀啊！

不過，媽媽是任何人都無法取代的（爸爸也是），所以長輩愛顧就放手讓他們顧吧！可以趁空檔做些想做的事，逛個街、優閒喝咖啡……等，隨著孩子越大長輩就會發現越不好顧、力不從心，而且越不要讓長輩有搶小孩的感覺，他們也會漸漸卸下心防的（只是不知心防從何而來就是了）。

⑩對孩子無止盡的寵

年紀大對於孩子的任何舉止幾乎都無力抵抗,孩子一個噘嘴就舉手投降,一個微笑就掏錢買單,很多時候該教該罵卻因為捨不得而選擇逃避,當媽媽出面管教又在旁邊求情或是指責太兇,殊不知這不是愛孩子是害孩子啊!

雖然很討厭自己被貼上「媽媽很兇」的標籤,但避免屁寶寵過頭變阿公寶、阿嬤寶,很多時候我寧可扮黑臉耍兇,也不要在他養成某些性格後而後悔。

以上十種,有些是艾莉親身遇到,有的則是朋友轉述,其實每個人的個性、成長環境、教育不同,大多時候也沒有惡意,和朋友、姊妹聊一聊、唸一唸就讓它過去吧!

我是回娘家，不是做壞事！

回娘家是一件極度敏感的事情，每每提到要回娘家住個幾天，長輩臉色有如變天般立刻沉下來，晚輩看了也不舒服，你想要跟兒子、孫子相處，另一邊的長輩也是同樣的心情啊！已經大半時間都陪伴你們了，抽個幾天回去孝順同為父母的娘家爸媽有什麼好不開心的呢？

住那麼多天？
是有什麼事嗎？

才……兩天耶！
有事才能回娘家嗎？

後來跟朋友聊到這件事才發現我這樣算還好，朋友的公公是直接叫朋友自己回娘家，孩子留下，這……這是什麼道理啊 ?!

噢～噢～～～
阿公好想你喔！

爸～
才兩天不見耶……

太誇張了……

如果家裡有這樣的情況可以觀察看看是這什麼原因，

試著找出癥結點去對症下藥：

....

沒有孩子在就感覺很孤單、無聊

多鼓勵長輩外出參與老人活動，認識新朋友或是可以養寵物陪伴。

怕孩子幾天沒見到他就忘記了

現在科技發達,可以透過網路視訊或是每天
講電話來維繫感情。

擔心娘家一住就不回來

出門前可說清楚要住幾天、娘家爸媽也很想陪孫子……等,
讓長輩明白:不是只有你做阿公阿嬤(祖)。

要回去妳回去，
別把我兒子孫子帶走！

你聽到了吧……
自己去解決。

因為討厭媳婦，為了反對而反對。

莫名討厭就盡量井水不犯河水，如果是一些疙瘩盡量想辦法解決。

和長輩相處要有某種程度的無視和健忘，也因為有這些例子，才讓我和屁爸時時警惕自己未來要當個開明的長輩，更告訴彼此不能讓生活只圍繞著孩子轉，一定要有自己的興趣或朋友圈，才能從中得到成就感和專屬自己的生活，不然當屁寶大了、要飛了，死命抓住只會所有人都跌在地上啊！

不要剝奪孩子犯錯的權利

孩子在學習過程一定會犯錯，與其說「犯錯」不如想成學習路上的「必經過程」，學吃飯怎麼可能一次到位、拿到筆一定從隨興揮灑開始，更別說再大一點學著跑腿、打掃……等，都是需要耐心和時間來練習的，也因為這樣，所以常常吃的滿身飯菜、把牆壁畫花、跑腿弄丟錢包或是把買來的雞蛋打破……等，這都是情有可原並且需要正確的方法引導陪伴的。

吃飯亂糟糟

有筆就塗鴉

很多「慘不忍睹」的狀況在長輩甚至家長眼裡都會看不下去，進而出面阻止或是插手協助，但你剝奪了孩子學習的機會，那孩子就一直學不會，如果遇到愛比較的長輩又會覺得：「怎麼別家小孩都會了，我們的怎麼都還不會？」殊不知是你的善意雞婆影響了孩子發展的權利。

133

舉身邊一些例子：

朋友 A 是一個無所事事的宅男，生活上你想的到的大小常識他都不會（吸地、洗衣服、簡單開火⋯⋯等），每天就是窩在房間看影片或是打電動，我一直無法理解是什麼樣的環境養成朋友這樣的個性，直到有一天去他家才明白。

他有個什麼都用好好的媽媽和阿公阿嬤，回到家飯菜就熱好端上，衣服往地上一丟就有人自動揀去洗，問朋友說：「你怎麼不會想要自己學著用呢？」朋友回說：「喔⋯⋯我不知道啊！反正他們說我一定會用得亂七八糟⋯⋯」

有一對姊妹，姊姊穩重又幹練，家裡大小事都由姊姊在處理，姊姊也認為這是她應該要做的，直到有一天姊姊成家，不只自己家要顧還有婆家大小是要協助，娘家很多事情轉由妹妹來負責，但是長輩還是喜歡找姊姊來幫忙，姊姊心力交瘁之外也開始與先生發生爭執，我這個雞婆旁觀者跑去問長輩：「怎麼不請妹妹幫忙呢？老大這樣太累了。」長輩回說：「哎呀～妹妹從小做事情就丟三落四，教她不如我自己做比較快啦！」

就這樣，宅男的媽媽、阿嬤依舊把屎把尿，嘴裡喊著好累但也不肯放手讓宅男學習獨立；而妹妹感受到家人對她的忽視和不放心，對於家裡的各項事務也不願參與，很多時候我們要先陪孩子走過一段路再放手看著他前進，不然不只孩子學不會，老了依舊是我們再勞累而悔不當初。

135

因了解而體諒

一開始嫁到屁爸家，婆媳兩人超不熟，戰戰兢兢卻又時常擦槍走火，這就是所謂的磨合期，在這期間雖然讓人抓狂，卻也要認真去了解對方，為什麼這點生氣？這樣做哪裡不好？漸漸的就會有一套對應方式來相處，很多時候自己覺得沒什麼可是婆婆卻不開心，我還一副狀況外不知道發生什麼事，屁爸會好好坐下來跟我說、告訴我原因或是理由，合不合理是另外一回事，但是當知道婆婆有這個「點」之後，相處上也更懂得去迴避或是講清楚。

屁爸也常會跟我説婆婆的一些故事，透過這些分享，試著站在婆婆角度思考，就不難理解為什麼某些事會有這樣的反應或是舉動了，累積相處的點點滴滴，漸漸了解婆婆的喜好：韓劇、逛街、屁寶。抓準她喜歡的話題或是東西，很容易就聊起來或是巴結（示好啦！）。

因退讓而融洽

雖然自己脾氣暴躁又衝動，很多時候不想拐彎抹角，總是故意很直接的回話讓場面尷尬，但每次衝動完自己都會冷靜去思考、反省，不管誰對誰錯，我都會跟長輩道歉，面對面道歉、LINE 道歉都有，因為我是晚輩本來就不能沒禮貌（也不能讓人覺得是沒家教的晚輩），基本上不是什麼很嚴重的大事情，只要一道歉長輩也沒什麼好氣了，就這樣幾次的爭吵、冷戰、和好，越能了解彼此的個性及爆點。

適時給予空間或陪伴

婆婆在生活上給我我極大的空間和自由，讓我做我想做的事情，有時候白天顧屁寶，晚上忙團購、邀稿的事情，基本上也沒在做家事，了不起倒個垃圾、洗個碗或是吸個地而已，家裡的環境大多都是婆婆在維護，也從沒責怪或是質疑我在忙什麼，只要假日有空、天氣好，一定也會帶著婆婆和屁寶走走、外出用餐，而不是有事就要她幫忙，沒事就讓她一個人在家，對娘家爸媽的好，在婆婆身上我也會做到。

自己當了媽，除了要對行為負責之外也要更沉穩，不能總是直來直往鬧脾氣，或是什麼都拿原生家庭來比較，不如試著好好的了解、認識要與你相處生活的家人，我一直都覺得：生命中很多事情都注定好也逃不掉，就是要你去學習面對、改變，才是真正讓自己越來越好。

不是當年的當年才是好貨

當媽後有一個很深的體悟：

普遍長輩都認為，
只有他們買的、當年的才是好東西。

哇⋯⋯
好厲害!!

我們當年就是
自己買布做衣服，
穿起來才涼快！

三不五時都可以聽到婆媽們講：
「當年的當年怎麼剪布做衣服，
穿起來有多舒服、多涼快，現在
買的都不對。」反正他沉浸在
他的意難忘，我們聽聽當學習
也無妨。

但是當一再數落媽媽買給孩子東西時，忍耐力再好還是會有想頂嘴的時候，從一開始的學步鞋，總是嫌我買的會讓屁寶摔倒、走路外八、容易掉，到最後不管是我買的、屁爸挑的、婆婆選的他們都看不在眼裡，再來是外套不保暖、褲子太鬆很醜、穿粉紅色像女生羞羞臉……等，幾乎買什麼唸什麼，每樣都可以中招，老木我白眼都已經翻到十二指腸了。

也因為這樣，導致很排斥婆媽幫屁寶買新衣服，先不管衣服是好是壞、實用與否我都覺得很反感，婆媽們總是邊試穿邊講：「對嘛～穿這個才對啊！之前穿那什麼……」我真的很納悶，小朋友的衣服不是本來就要買大一點嗎？買大說好鬆好醜，買剛好又說浪費，怎麼做都不順眼，總覺得自己挑的最好、最暖、最適合，身為晚輩除了難以招架之外，也會對身為媽媽的角色感到無力或挫折。

我相信老人家因為經驗豐富都知道怎麼挑，也明白他們買給孩子的東西都有認真選過，但也不能一竿子打翻媽媽的用心啊！如果願意聽一下媽媽的購買的原因或想法，給予彼此肯定和尊重不是皆大歡喜嗎？

比到天涯海角

從懷孕到寶寶出生，免不了被拿來和左鄰右舍的小孩比較，一開始只覺得是好意關心還不以為意，漸漸感受到沉重的壓力。

「我們已經會翻／爬了！」（那叫他去跑腿啊！）

「人家小孩已經長五顆牙了！」（記得刷牙，不然爛掉也是一樣）

「怎麼還不會自己尿尿啊？」（他就還不會表達嘛～）

每每聽到老人家在比較這些,不管如何説破嘴解釋:「孩子有自己的時間表,沒什麼好比的,也不用過度擔心。」長輩仍舊無法理解繼續在他的思維裡跳針,告訴自己無數遍:「不用在意不用在意……」但怎麼可能不在意嘛!孩子是自己在帶,總是被長輩比輸會覺得是不是哪裡沒顧好、失責。

賣菜的孫子
都會背 ABC 了 !!

妳有沒有在教啊?

別人是別人啊……

同齡的孩子
總是有高有矮
怎麼可能都一樣?

屁寶在同齡孩子中算大隻,語言能力也算好,但是怎麼比一定有孩子發展更快、更好,而很多事情最後一定都會,只是時間的先後而已(例如走路、數數、分辨顏色……等),所以我和屁爸從不要求屁寶要多棒多厲害,只希望他的童年是健康快樂就好。

後來，想到一句話可以堵住老人家的嘴。

長輩：「人家小孩都已經會跑了，你的怎麼都還不會 ?!」

艾莉：「啊他又沒有我們家屁寶可愛，先會跑比較公平啊！」

自己的孩子、孫子一定是最可愛的，用這句話堵住愛比來比去的老人家們，

竟然意外的有效啊！

而當媽的也要盡量調適好心情，因為「比較」這件事會一直延續到孩子就學、成家、立業，甚至是比到進棺材也不是在開玩笑的，很多時候與其一直注意孩子「什麼不會」，不如去了解他「會了什麼」，你就會發現孩子不知不覺成長了很多很多。

以感謝和包容的心面對一切

你到底在氣什麼啦？

起毛子不爽啦！

兩代教養、長輩相處一直都是女人苦惱的問題，有時候會氣到火冒三丈很想收拾行李走人，可是冷靜過後再想想其實也沒那麼嚴重，很多時候都是「起毛子」的問題：有沒有尊重到當媽的、能不能替我想想、可以不要插手管孩子……等。

每每氣頭上都會立刻傳訊息給同為媳婦的朋友，
彼此互相吐苦水、大罵、抱怨，
讓情緒有出口可以發洩。

氣屎我了
什麼都是我用
有夠衰！

喵的，我也是
累得半死還要被嫌。

當憤怒因宣洩而漸漸冷靜，
我們則會開始檢討自己或是試著分享長輩的好。

我剛剛好像太兇
長輩也沒有惡意……

「我剛剛對長輩大小聲很沒禮貌。」

「其實婆婆平常都幫我顧小孩她也很累。」

「要不是有公婆，我們現在可能還在外面租房子或是付房貸。」

「謝謝長輩負責接送孩子上下學，讓我可以更放心回到職場。」

這很重要，雖然事情一碼歸一碼，但不要讓自己的心因憤怒而忘記其實長輩也有好的一面，
謾罵發洩或許可以讓心情感到痛快，但對事情沒有幫助，不管誰對誰錯日子都還是要繼續相
處在一起，只要不是很嚴重的狀況，向朋友訴苦完也要告訴自己不要再鑽牛角尖了，也可以
針對這件事和先生聊一聊，或許他會告訴你意想不到的原因，很多事情從我們角度看很生氣，
換個角度或同理心就不難理解為什麼長輩會這樣做，家家有本難唸的經，用包容和體諒收服
長輩的心吧！

老人家沒顧好孫子，晚輩該怎麼做？

當孩子還在襁褓中或是學翻身、爬時，照顧者真的要很留心吐奶或是摔下床……等狀況發生；但如果已經來到瘋狂跑跳碰的時期，摔個狗吃屎或是瘀青對對碰實在是家常便飯，只能嘆自己孩子皮怪不了別人。

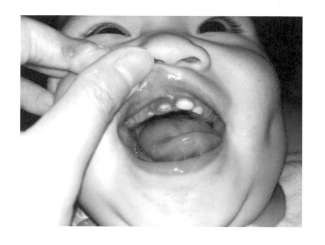

有一次屁寶和婆婆在房間玩的開心，原本的嘻嘻哈哈隨著砰的一聲嚎啕大哭，走過去一看才發現，好不容易長出來的小門牙，因為屁寶這一跌摔斷一顆了，整個嘴巴、牙齦都是血，止也止不住。

趕去急診到確認無大礙回家觀察的一路上，婆婆覺得沒顧好孫子而萬般自責，我只覺得好不容易長出來的牙齒就這樣斷了好可惜，對於婆婆的無心之過我一點怒氣都沒有，誰會沒事希望孩子摔斷牙齒或受傷，一定都是不小心的呀！

牙齒竟然摔斷了……
阿嬤對不起你！

加上自己時常放手讓屁寶去跌跌撞撞，瘀青擦傷實在是家常便飯，但婆婆從來沒有為此而指責我這個當媽的，對於婆婆這方面的體諒和將心比心，我一直都感謝在心裡，婆婆好意陪孫子讓我們夫妻倆休息一下，自己孩子有多皮心裡都有數，與其發脾氣或是拒絕孩子接近長輩，倒不如教導孩子從中學習一些教訓或道理。

啊～～

牙齒摔斷了吧！
看你還要不要跳來跳去。

當然，也看過數落媳婦沒顧好孫子如數家珍似的，自己不小心讓孫子撞到頭，卻一派輕鬆的說：「哎呀～哪個小孩沒撞過，沒事沒事！」用不同的標準來衡量每一個照顧孩子的人是個很有趣的現象，當被長輩唸的時候先放輕鬆當耳邊風，等到哪天換長輩一個粗心不小心讓孩子受傷時……再來個機會教育吧！大肆宣揚：「天啊～好可憐怎麼那麼紅啊?!阿公（嬤）沒顧好是不是？媽咪秀秀喔～」或是「你沒聽阿公（嬤）的話亂跑齁～下次小心點。」

註：屁寶摔斷的門牙竟然又奇蹟似的長出來了，和旁邊那顆長度差不了多少。

149

Third Part

動手煮

白米水 / 米粥（冷凍版）

note
一開始不確定寶寶食量，避免做太多浪費，可先準備約 1/3 杯的米量試看看。

大約四個月開始讓屁寶接觸副食品，問了家裡長輩、前輩媽媽，大家都建議從白米熬的米糊、白米水開始嘗試，所以連荷包蛋都可以煎焦的艾莉，要捲起袖子做副食品啦！現在回想起來都還記得有點怕怕的心情。

🥕 需要工具：

電鍋、鐵鍋、濾網、果汁機（調理棒）

🥕 開始製作：

1 首先，將白米來回洗淨，放進冷凍庫約 15 ～ 30 分鐘，沒錯‼冷凍庫喔‼因為結冰後米的結構會改變，遇熱米會直接碎開，短時間就可以煮出綿密白粥。

2 放進電鍋倒入 1 ～ 2 杯水煮成粥（或是用瓦斯爐以大火煮沸，再以小火熬成粥）。

a. 沒冰過呈顆粒狀

b. 有冰過較綿密

3 用湯匙舀取上面的湯水（不含米粒），就是白米水囉！

剩下的米粥稍微放涼後再倒入果汁機（或調理棒）打成泥，米糊就完成啦！隨著孩子越大或是漸漸長出牙齒，可以直接將煮好的米粥用湯匙壓成泥餵孩子，就不用再特地打成泥了。

動手煮 ②

蘋果汁 / 蘋果泥

note
隨著寶寶越大,慢慢加入其他蔬果,如:番茄、西瓜、酪梨等,可以增加口味層次及營養喔!

如果擔心寶寶挑食不接受副食品,一定要試試接受度極高的蘋果泥,除了有滿滿的維生素 C、E 在裡面,微酸微甜的口味,是當初讓屁寶一口接一口的必勝武器!

需要工具：

削皮器、水果刀、電鍋、濾網、果汁機（調理棒）

開始製作：

1 將蘋果洗淨後、削皮切塊，剛開始嚐試我會先放電鍋蒸一下，可以降低過敏減少氧化情形，果泥也會比較綿密。

2 等電鍋跳上來後打開，就會看到滿滿的蘋果汁，果肉也變得鬆軟好入口。

3 加水 1：2 稀釋喝個幾次，確定沒有過敏反應後再調整成 1：1，而果肉就用果汁機（或調理棒）打成泥就可以囉！

動手煮 ③

地瓜蘿蔔泥

note
吃了地瓜要多喝水,才能帶動纖
維幫助嗯嗯喔!

家中寶寶有便秘、不順暢的情形可以參考
這道副食品,蘿蔔有豐富的維生素 A、C、
E、及 β 胡蘿蔔素,但是帶點「草味」常
讓孩子排斥,搭配甜甜的地瓜來剛剛好,
記得吃完要補充水分,才可以幫助地瓜纖
維帶動腸胃蠕動噢!

需要工具：

削皮器、水果刀、電鍋、濾網、果汁機（調理棒）

開始製作：

1 紅蘿蔔和地瓜洗乾淨後、削皮切塊。

2 放入電鍋蒸熟，放涼後打成泥。

3 利用濾網將地瓜較粗的纖維濾掉就完成囉！可利用其他食材來變化搭配，如：地瓜配馬鈴薯、蘿蔔配南瓜等。

動手煮 ④

南瓜雞肉泥佐花椰菜

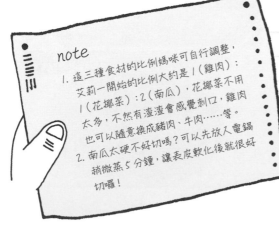

note

1. 這三種食材的比例媽咪可自行調整，艾莉一開始的比例大約是 1（雞肉）：1（花椰菜）：2（南瓜），花椰菜不用太多，不然有渣渣會感覺剌口，雞肉也可以隨意換成豬肉、牛肉……等。

2. 南瓜太硬不好切嗎？可以先放入電鍋稍微蒸 5 分鐘，讓表皮軟化後就很好切囉！

是不是光聽名稱就覺得超營養的呀？！隨著臭小子越來越大，吃的食物也越來越雜，大的便也越來越臭（搗鼻），吃蔬果泥有一段時間了，這道副食品是屁寶約六個月才開始吃的，慢慢加入肉類讓屁寶開葷囉！

需要工具：

削皮器、菜刀、電鍋、果汁機
（調理棒）

食材：

南瓜、雞肉、花椰菜、洋蔥

開始製作：

1 雞肉洗淨，花椰菜去莖去梗，加入蔬
果洗滌液泡約 3～5 分鐘去掉菜蟲
和農藥（蔬果洗滌液市售很多選擇，
自行參考囉！）。

2 南瓜洗淨後挖籽切塊，其實南瓜皮
也很營養喔！但是怕寶寶還不太會
吞嚥卡到喉嚨，爸比媽咪再自行斟
酌。

3 將洗好切好的雞肉、花椰菜和南瓜
放入電鍋蒸熟，電鍋還沒跳起來就
可以聞到南瓜甜甜的香味，放涼後
用果汁機（或調理棒）打成泥，就完
成囉！

動手煮 ⑤

香蕉燕麥粥

note

有些市售燕麥較大、硬，可選擇
細燕麥片讓寶寶好入口。

每天屁寶醒來第一句話都是：ㄋㄟ～ㄋㄟ～
（無限尾音拉長～），如果我比較早起，
就會準備各式口味的燕麥粥給他，只要他
不要在旁邊哭天喊地的喊餓讓我手忙腳亂，
基本上這道副食品是快速又營養的噢！

需要工具：

水果刀、電鍋

開始製作：

1 燕麥先倒入碗中並加水（不用太多1：1就好），艾莉是選用細燕麥，比較容易蒸爛，寶寶才好吞嚥。

2 放入電鍋蒸個3分鐘就可以了，媽咪可能會想說：「燕麥不是用熱水泡一下就好了嗎？」其實沒錯，只是有燕麥算是易過敏的食材，我習慣蒸過降低過敏，二來可以確保燕麥有軟爛。

3 大約幾分鐘的時間就蒸好了，加入寶寶的奶粉或母乳1～2匙。

4 最後在鋪上切好的香蕉切片在上面，邊餵的時候直接用湯匙將香蕉壓成泥就可以了，除了香蕉也可以改為南瓜、酪梨……等，甚至可以加入一些芝麻醬會更美味喔！

動手煮 ⑥

小魚乾鈣多多粥

note

如果孩子已經長牙，想讓他練習咀嚼，可以一開始的料切成小丁狀，或是在打泥過程中保留點顆粒感讓孩子練習，而食物泥除了搭配粥也可以改為馬鈴薯泥或是麵條、麵線，一樣也很美味噢！

老一輩常說：七坐、八爬、九發牙，然每個孩子不一定，但是如果到了九個月還沒長牙或是正在經歷長牙痛，除了選擇鈣粉補充營養，也可以考慮這道副食品給孩子補補鈣噢！

🥕 需要工具：

電鍋、菜刀、削皮器、果汁機（調理棒）

🥕 食材：

小魚乾、白米、五穀、香菇、蘿蔔、花椰菜、蘋果、番茄（除了小魚乾、米和五穀必備，其餘的配料都可以變化，冰箱有什麼就煮什麼）

🥕 開始製作：

1 將所有食材洗淨、削皮、切塊，小魚乾用清水洗淨，蘿蔔、花椰菜、蘋果、番茄清洗削皮後切成丁狀放入鍋中，香菇是選用乾香菇，所以要先泡軟後切丁，泡過的香菇水不要倒掉，可以倒一些進去熬高湯。

2 鍋中加入清水，水加到跟食材一樣高，就可以放入電鍋蒸（或著也可以用瓦斯爐煮，大火滾後轉小火熬）。

3 熬高湯的同時可以來洗米，這次用白米搭配五穀，擔心孩子一開始不喜歡，比例上先用8（白米）:2（五穀）。

4 等高湯熬好，廚房也會充滿香菇還有小魚乾的香氣（感覺加點鹽巴，媽媽就可以下麵條來吃了），將料和高湯過濾，把剛剛洗好的米倒入高湯中，放回電鍋煮成粥。

5 而另外撈出來的食材放涼後打成泥，打完後的小魚乾和香菇味道更重，像是配白飯的香鬆分常開胃。等粥煮好後，再配上剛剛打好的食物泥，香噴噴的補鈣好料上桌囉！

動手煮 ⑦

豬肉蔬菜拌薯泥

note
發芽的馬鈴薯切記不可以吃，會
影響身體造成不適，把馬鈴薯和
蘋果放在一起可以延遲發芽喔！

自己非常喜歡馬鈴薯的綿密口感和香味，
加入豬肉和寶寶平常愛吃的蔬菜，不只飽
足感夠，也能給寶寶滿滿的營養喔！

需要工具：

電鍋、菜刀、削皮器、果汁機
（調理棒）

食材：

豬肉、馬鈴薯、蘿蔔、洋蔥（蔬菜可
自由更換成高麗菜、花椰菜⋯⋯等）

開始製作：

1 第一次讓孩子嘗試吃豬肉，可以選
擇新鮮、油脂較少的豬絞肉，避免
造成腸胃不適。

2 馬鈴薯、洋蔥、蘿蔔洗淨，去皮後切
塊，和豬絞肉拌在一起放進電鍋蒸
熟。

3 蒸好之後會有豬肉的油汁，怕太油
的可以倒掉一些，最後倒入果汁機
打成泥，因為馬鈴薯本身就很有飽
足感，可以不用另外再搭配米飯或
粥囉！

香菇雞骨蔬菜粥

note
可以加上肉泥、肉鬆或是煎個魚搭配，讓每一餐都充滿變化，但是營養不減少喔！

隨著臭小子越大，食物的接受度越廣，總是要想著還有什麼可以煮給屁寶吃（而且還要快速方便），趁著假日屁爸帶我去逛菜市場才發現，才發現有雞胸骨這種食材，拿來熬粥方便營養，價錢也很便宜啊！

需要工具：

電鍋、菜刀、削皮器、濾網

食材：

主要就是雞胸骨，看家裡冰箱有什麼就加什麼，推薦香菇，整鍋燉起來很像香菇雞湯粥！（必流口水），其次就是蘿蔔、番茄、洋蔥、青菜等。

開始製作：

1 雞胸骨買回來先洗淨，用熱水汆燙一下去除血水。

2 蔬菜洗淨、削皮、切塊，連同剛剛的雞胸骨一起放入鍋內，倒入等同高的清水放進電鍋熬煮（也可以用瓦斯爐煮，大火煮滾後轉小火熬），可以熬個 1～2 次，讓香氣和營養更加濃郁。

3 熬完之後真的很有香菇雞湯的味道（很想下麵線、灑蔥花來吃），湯上面會浮油，避免太油讓寶寶拉肚子，要稍微把它撈掉，可以用保鮮膜覆蓋湯的表面再輕輕拉起來，湯上面的油也會跟著帶走喔！

4 雞胸骨先來撈起來，把洗好的米倒入高湯中再熬一次，不用很久香噴噴的香菇雞骨蔬菜粥就完成了。

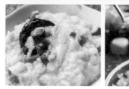

動手煮 ⑨

鮭魚鬆

note
如果鮭魚泥太濕，會拉長拌炒的時間（手很痠），除了瀝掉多餘水分，也可以放進微波爐微個 3～5 分鐘，水分蒸發就能加快炒的速度。

魚類我自己愛吃的是鮭魚，鋪點蔥、薑蒸一蒸或是煮成魚湯淋在飯上，除了有豐富的 DHA 和 Omega-3 之外，鮭魚的香氣和煎的脆脆口感真的讓我和屁寶停不下來，忍不住一口接一口吃（等屁爸回到家只剩下魚骨了），煎的、蒸的、烤的都嘗試過了，今天來分享鮭魚鬆的製作方式，一樣保留鮭魚的鮮味，卻是不一樣的口感喔！

需要工具：

電鍋、果汁機（調理棒）、炒菜鍋

食材：

新鮮鮭魚、蔥、薑、橄欖油（沙拉油也可以）、砂糖、醬油

開始製作：

1 先將鮭魚洗淨後，用紙巾吸乾。

2 鋪上蔥段、薑片在魚肉上，放入電鍋蒸熟。

3 將魚肉和魚刺挑開魚肉，放入果汁機（或用攪拌棒）打成泥，把多餘的水分瀝掉。

4 準備好炒菜鍋，熱鍋後倒入橄欖油和鮭魚泥，加入適和當醬油和砂糖用小火拌炒，慢慢的顏色會越來越深。

炒的過程要邊試吃，看口感和鹹度是不是可以你要的，沒問題後就可以起鍋放涼，不管是吃飯或是煮麵都可以撒一點鮭魚鬆來提味，也算是給屁寶一個新的口味嘗試。

動手煮 ⑩

冰磚解凍、保存方式

職業媽媽要上班、全職媽媽不方便邊帶孩子
邊準備，對忙碌的育兒生活來說，將副食品
製成冰磚是再方便不過的事，需要時再敲
出幾塊冰磚解凍加熱，媽媽不用忙著跟鍋
碗瓢盆奮戰，多於的時間可以讓自己喘口
氣或陪伴孩子，省時又省力喔！

冰磚解凍方式：

解凍方式有幾幾種：①電鍋解凍、②隔水加熱、③微波爐。

我自己都是用電鍋加熱，不用擔心忘記關火燒過頭，將冰磚放進碗中，外鍋倒入半杯至一杯的水，等電鍋跳起，熱騰騰的副食品也好囉！

如果覺得使用電鍋解凍副食品都會水水、稀稀的，可以在碗上面再蓋一個小盤子或碟子，就可以防止大量水蒸氣滴入碗內造成副食品太稀喔！

冰磚保存方式：

通常都是準備三天左右的分量，種類大約 2～3 種（蔬菜、肉類等），將打成泥的副食品放涼後，一一倒進附蓋的冰塊盒中冷凍。

等凝固成型後再敲出冰磚，分別放入密封袋內並寫入製作日期，冰磚最久放至一個禮拜，等上手熟練後其實可以省去放入密封袋這個動作，因為做久了腦袋都會記得何時該吃完、該再準備副食品了。

而面對開始長牙或是咀嚼力發展不錯的孩子，也可以直接用壓輾、剪碎……等的方式餵食，就可以省略打成泥、放成冰磚的步驟囉！

動手做

標籤安撫巾訓練小手動一動

我很喜歡複合媒材的東西,第一次看到標籤安撫巾,都想自己買一條來安撫自己了,其實只要找找身邊的素材(手帕、釦子、緞帶……等),自己縫一條不是問題喔!

需要工具：

針線（裁縫機）、剪刀、各式花布、
泡泡紙（塑膠袋）、小玩偶、緞帶、
布標。

開始製作：

1 先挑好兩塊布，背面先用鉛筆畫上
你要的安撫巾大小。

2 將想要的布標、素材等放在正面那
一面，蓋上另外一塊布（正面對正
面）。

3 開始沿著之前畫的鉛筆線縫，縫到
最後留一個洞，將正面那面還有布
標素材，由裡翻出來。

4 如果想要有塑膠沙沙的聲音，可以
在裡面塞個塑膠袋。

5 原本留有一個洞的地方，可以用一
小塊布或是用隱藏針縫起來，其他
布標可以縫一些小釦子等，增加觸
感。

動手做 ②

有聲相框 DIY，留住珍貴回憶！

當媽之後，每天不是對著孩子錄影就是拍照，只要孩子不在身邊就會拿著手機看呀看，要分享的是艾莉自己很喜歡的一個手作，保留孩子的影像再搭配聲音做成的有聲相框，放在家當擺飾或是送給親友都非常的有紀念性。

需要工具：

照片（或是孩子的畫、手印等）、錄音IC、相框、剪刀、尺、三秒膠。

開始製作：

1 準備好相框，將想放的相片或孩子的畫、手印放進去後蓋上背板。

2 拿出錄音機芯錄好想要紀錄的聲音，用三秒膠黏在相框背板上，播放線穿過背板繞到正面（如果覺得太緊影響到音質，可以用砂紙稍微磨一下背板）。

3 穿過來後，拉到你想要的位置（我是都選擇放在角落，比較不突兀）。

4 也可以在播放鍵上作一些小裝飾。

超有紀念性又可以互動的有聲相框大功告成，根本花不到 10 分鐘，可以掛（黏）在牆上當裝飾，也很有質感喔！屁寶沒事自己就會去按有聲相框來聽，我們有錄他自己的說話聲、我和屁爸的聲音，他都會聽得很入迷。

如果孩子比較大，也可以讓孩子畫故事然後錄下來，作成故事有聲相框，或者，搭配比較有紀念的照片，錄下孩子的聲音然後送給長輩，收到的人都會超級滿意又珍惜的。

動手做 ③

百元不到的小工具，讓積木變得更好玩！

note
磁鐵比較適合用在泡
棉積木上，比較輕容
易吸得住喔！

當我看屁寶拿東西越拿越好，單手、雙手都
可以互相交換、敲敲打打時，興起了買積木
並加以改造的小點子，重點是
快速又方便，也花不到多少錢，
家裡有積木的爸比媽咪，趕快繼
續看下去吧！

需要工具：

積木（木製、泡棉都可）、背膠磁鐵、
背膠軟性白板、背膠魔鬼氈、剪刀

開始製作：

1 首先來做磁力積木，背膠磁鐵已經
有一格一格，直接撕下貼上就好。

2 而背膠軟性白板先畫好線，依照積
木的長寬剪下來貼在積木上。

3 貼好就完成啦！

4 接下來做魔鬼氈積木，準備好各種
造型的背膠魔鬼氈。

5 撕下貼在適合的積木上就可以囉！
大約十秒就可以完成了（笑）。

利用兩者互相吸引、相黏的原理，可以
拼湊出許多有趣的形狀或造型，而屁寶
在玩耍的過程中，也會發現有的黏得起
來、有的不行，皺著眉頭東摳西摸去找
答案，這就是一開始的用意，讓孩子自
己去探索去自由發揮，很開心看到了孩
子的成長和進步。

動手做 ④

親子裝DIY（噴漆款）

note

壓克力在甩的過程難免會噴到地板、身上，記得換上工作服或是舊衣，或是帶到室外去噴甩喔！

男寶的衣服不好買，母子裝更是不好找，在找不到的情況下，乾脆自己動手DIY獨一無二的母子裝吧！（當然還有屁爸的份）

需要工具：

噴漆款：壓克力顏料、筆、調色盤、
水杯、墊子（報紙）、上衣
各一件。

 開始製作：

1 壓克力不用買整盒，選紅、黃、藍就
可以，因為紅、黃、藍可以分別再調
出其他顏色（如：紅加藍變成紫、黃
加藍變成綠……等）除非你有在用
壓克力的習慣，不然就省下買整盒
的錢吧！調色盤和水杯也不一定要，
家裡不用的瓶罐都可以拿來代替
喔！

2 首先衣服擺好在墊子上。

3 挑選你想要的顏料擠在調色盤上，
筆沾水準備來調和顏料。

4 因為是要用噴噴甩甩的，所以水分
及顏料要濃一點、多一點，也可以
先在報紙上試各種用法，效果都不
一樣喔！

5 可挑選 2～3 種顏色噴灑，除了噴
之外也可以畫出點點、圈圈等效果，
也不錯喔！

親子裝 DIY（圖案、文字款）

需要工具：

　　圖案、文字款：各色不織布、鉛筆、
　　　　　　　　剪刀、針線

開始製作：

1 先想好要設計在上衣那個位置，用
尺量一下適合的大小，可選擇圖案
或是文字，並先在紙上簡單畫個草
稿。

2 接著就在不織布上面畫出圖案，並
剪下來。

3 然後一樣剪下其他配件（如頭髮、
五官等），一層層縫上去。

4 最後縫在衣服上，就完成啦！

5 也可以搭配趣味文字或是縫在圍兜
上，都會變得很有特色喔！

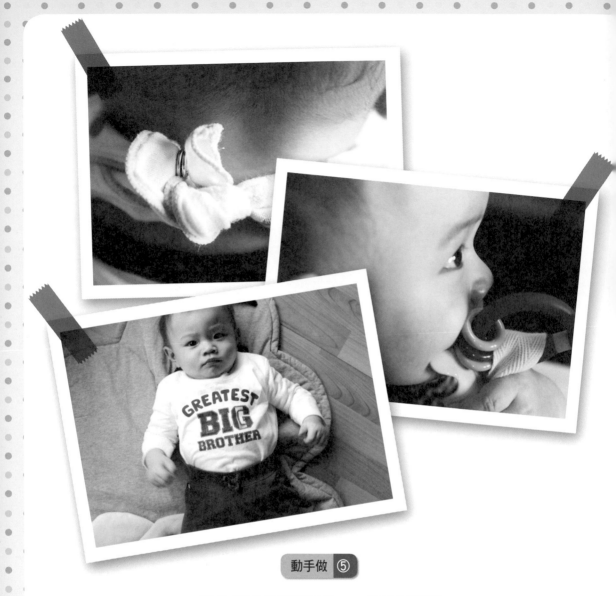

動手做 ⑤

媽咪必備好友：五爪釦
（手帕變圍兜、防掉落帶、不翻肚睡衣）

當媽之後第一個認識的好物就是：五爪釦組，可以將一些居家小物改造出更多功能，

常趁著屁寶睡著時研究一些小點子，滿多時候陪伴艾莉度過煩悶（噢！是快樂）的育

兒時光！

①手帕變圍兜

需要工具：

五爪釦、手壓鉗、手帕

開始製作：

1 準備好寶寶的手帕，抓出手帕的對角線兩端。

2 拿出手壓鉗並放上五爪釦，一端釘上公釦、一端釘上母釦。

3 扣好後可以輕輕再多壓個幾下確保牢固，只要圍住寶寶的脖子並輕鬆往後一扣，就是圍兜啦！

4 如果覺得太長可以稍微打個小結再扣上。

②防掉落帶

 需要工具：

五爪釦、手壓鉗、緞帶、裝飾物、針線

 開始製作：

1 選一條你喜歡的緞帶，依需求調整適合長度，照上述做法放進水母釦。

2 緞帶的一端扣玩具的，另一端是可以讓媽媽扣在推車把手、餐椅等。

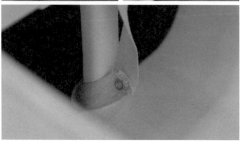

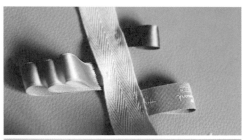

3 也可以縫上一些緞帶、布標，增加寶寶觸覺發展，看起來也可愛。

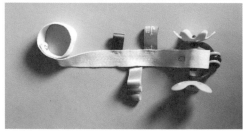

4 專屬於寶貝的防掉落帶，完成！

③不翻肚睡衣

需要工具：

　五爪釦、手壓鉗、睡衣

開始製作：

1 利用五爪釦可以將扎在寶寶褲裡的
　衣服不輕易跑出來，避免著涼感冒。

2 拿出寶寶睡衣，量一下適合的長度，
　並做記號。

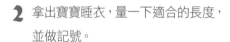

3 一樣分別釘上公釦和母釦並稍微壓
　牢，就完成啦！

動手做 ⑥

把孩子的畫變「可動紙公仔」

家裡如果有愛塗鴉的孩子，一定要把這招學回去陪孩子玩，沒有局限一定要是人物，發揮想像力每個塗鴉都可以變成紙公仔喔！

需要工具：

孩子的畫、剪刀、刀片、二腳釘

開始製作：

1 將畫延邊剪下來，如果是隨興塗鴉可剪成各種形狀（如正方形、三角形……等）。

2 剪下想要「動」的地方，並重疊後用刀片畫一個小缺口。

3 二腳釘穿過後將兩端扳開（不用壓太緊）。

4 依序上面的做法，原本還在紙上的娃娃，就變成可以輕易擺動的紙公仔啦！

老木吼不吼
艾莉媽的育兒趣事

作　　　者／艾莉媽
封面設計／申朗創意
企畫選書人／廖可筠

總　編　輯／賈俊國
副總編輯／蘇士尹
行銷企畫／張莉滎・廖可筠

發 行 人／何飛鵬
出　　　版／布克文化出版事業部
　　　　　　臺北市中山區民生東路二段 141 號 8 樓
　　　　　　電話：(02)2500-7008　傳真：(02)2502-7676
　　　　　　Email：sbooker.service@cite.com.tw
發　　　行／英屬蓋曼群島商家庭傳媒股份有限公司城邦分公司
　　　　　　臺北市中山區民生東路二段 141 號 2 樓
　　　　　　書虫客服服務專線：(02)2500-7718；2500-7719
　　　　　　24 小時傳真專線：(02)2500-1990；2500-1991
　　　　　　劃撥帳號：19863813；戶名：書虫股份有限公司
　　　　　　讀者服務信箱：service@readingclub.com.tw
香港發行所／城邦（香港）出版集團有限公司
　　　　　　香港灣仔駱克道 193 號東超商業中心 1 樓
　　　　　　電話：+86-2508-6231 傳真：+86-2578-9337
　　　　　　Email：hkcite@biznetvigator.com
馬新發行所／城邦（馬新）出版集團 Cité (M) Sdn. Bhd.
　　　　　　41, Jalan Radin Anum, Bandar Baru Sri Petaling,
　　　　　　57000 Kuala Lumpur, Malaysia
　　　　　　電話：+603- 9057-8822 傳真：+603- 9057-6622
　　　　　　Email：cite@cite.com.my
印　　　刷／卡樂彩色製版印刷有限公司
初　　　版／2015 年（民 104）12 月
售　　　價／300 元

城邦讀書花園　布克文化
www.cite.com.tw　WWW.SBOOKER.COM.TW

Zoila，陪妳一起進化的媽媽包。

妳比自己認為的 更 好。

網路商店

 博客來

請搜尋「Zoila」　www.zoila.com.tw

實體展示

好覓親子嚴選｜台北東區地下街14-2號，靠近忠孝復興捷運站 0953255915
花漾年華繪本館｜新北市新莊區成功街67號1樓 02-22012901
凱恩外婆童衣鋪子｜中壢市環中東路39號 0979-088-633
JR kids｜台南市永康區東橋十街17號 06-3020113
Ris Baby｜高雄市鼓山區河西一路1469號 07-553-8658

無法每天清洗的東西
該怎麼清潔才安心？

就放心交給
木酢達人吧！

容易藏匿塵蟎的嬰兒床、玩具、推車、棉被、枕頭套、寶寶地墊等生活用品，只要輕輕一噴木酢防蟎抗菌噴劑，簡單就能變得乾乾淨淨～

天然植物萃取 ☑
SGS抗菌99.999% ☑
有效防霉、抗菌 ☑

木酢達人
是您安心清潔小幫手

掃描Qr-code加入
木酢達人LINE

www.dawoko.com.tw
免付費服務專線 0800-303-299